1日10分

小学校入学前のさんすう練習帳

就学前

[かぞえる・あわせていくつ]

西村則康

実務教育出版

はじめに

この問題集は、次の２つのことを大きな目標に掲げました。

①小学生になってからのつまずきを未然に防ぐこと
②小学校の学習に、楽々ついていけること

そして、意識したのは、次の３つです。

①子どもの五感を刺激すること
②正しい学習の習慣を身につけてもらうこと
③親子のコミュニケーションのツールになること

小学校に上がる前の未就学児童にとって大切なのは、自ら体験して納得していくことを積み重ねることです。それは、身体感覚の養成と言い換えることもできます。
「枠の中にうまく収めるには、このあたりから書き始めればいいんだ」
「６個って、５個から１つはみ出しているんだ」
「数の１０は指で数えられるんだ」
「ひとつ・ふたつ・みっつ…と、いち・に・さん…は同じなんだ」
このような、視覚・聴覚・体感覚を使った理解が大切になってきます。ものを見たあとの残像、聞いたり自分で発声したあとの残響、鉛筆のざらざらとした感じと線の濃淡。子どもの学習は、このような身体感覚のうえに積み上げられていきます。
この問題集では、「おうちのかたへ」として、「一緒に読んであげて…」「指で押さえながら…」「見るだけで…」というように、やり方のアドバイスを各所に入れています。できるかぎりそれに沿って、お子さんにおつきあいください。

小学校入学の１年前あたりから小学４年生までの間にやっておきたいことは、

基礎訓練です。昔から「読み書きそろばん（計算）」と言われていることです。

数を読み上げる、数を書く、小さな数をたしたりひいたりすることは、この基礎訓練のさらにまた基盤に当たります。

ものによって数え方が違うことを理解し、自然に口をついて出るようにすること。思いどおりの大きさの数字を書けること。指折り数えなくても小さな整数の差しひきができること。そういったことが、今後の学習の基盤になります。むやみに先取りをせず、伸びる子になるための基盤作りを意図しています。

子どもの学習意欲は、おうちの方とのコミュニケーションに大きく左右されます。お母さんの笑顔やほめ言葉やねぎらいがお子さんのやる気を育てます。「あなたは勉強すべきだ」という趣旨の義務感に訴えかけようとする言動は、多くの場合失敗に終わります。

「昨日よりも大きな声で言えるようになったね」

「かっこいい鉛筆の持ち方ができるようになったね」

「自分からやろうと言えるようになったのね」

このような、ちょっとした子どもの努力や変化を優しい言葉で認めてあげることが必要なのです。

この本は、お子さんに買い与えて、「自分でやりなさい」と突き放すことを前提にはしていません。各章に「おうちのひとといっしょに」のページがあります。少なくともこのページはおうちの方が先導しながら進めてください。そして、その時間はできるかぎり笑顔をお子さんに見せてあげてください。

この本は、１日に５分～１０分の学習を前提に作られています。そのペースでゆったりとやっていただくと、４か月で終わらせることができます。ぜひ学習の習慣作りの一助にしてください。

付録として、「けいさんカード」と「かぞえかたひょう」を付けました。この本をやり終わったあとも、必要に応じてご利用ください。

2016年２月　西村則康

もくじ

1日 10 分　小学校入学前のさんすう練習帳

かぞえる

数には、音のイメージ、文字のイメージ、個数のイメージがあります。この３つが、おたがいにしっかりとつながることが大切です。

この時期は、普段の生活のなかで頻繁に数にふれることが有効です。お風呂で「いち、に、さん、し、ご…」と数えることも、おはじきを「いっこ、にこ、さんこ、よんこ…」と数えることも、「1、２、３、４…」という文字を読んだり書いたりすることも大切です。

この単元は、急いで計算に入るのではなく、この３つのイメージを有機的につないでいく練習です。

数字や○を見ながら、大きな声を発することが大切です。できれば、滑舌よく言えるようにするために、「大きく口を動かして！」とアドバイスしてあげてください。

かずの かぞえかた

おうちの かたへ
おおきな こえで いえたら **ほめて** あげて ください。
2 は ●を 1つ1つ かぞえる ことも よい ことです。

1 かずを こえに だして いいましょう。(おおきな こえで)

1	2	3	4	5
いち	に	さん	し	ご

6	7	8	9	10
ろく	しち（なな）	はち	きゅう	じゅう

2 ●の かずを こえに だして いいましょう。

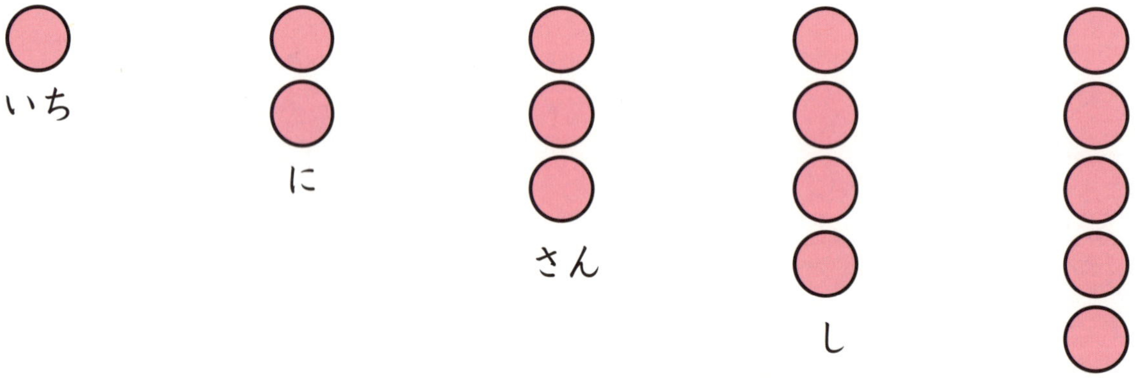

いち　に　さん　し　ご

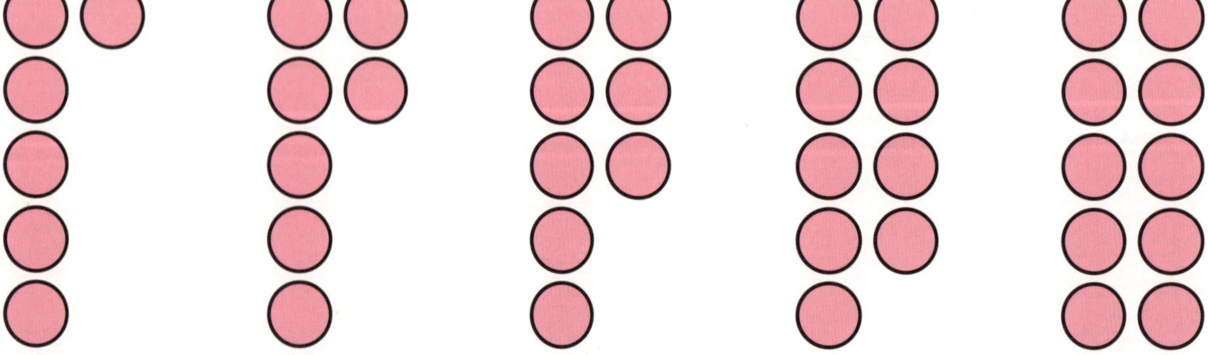

ろく　しち（なな）　はち　きゅう　じゅう

かずの かぞえかた

れいだい

おうちの かたへ

1 2 は、おこさんが よむのを
きいて あげて ください。
2、3 かい くりかえすと、こうかてき。

1 つぎの かずを よみましょう。

3　7　5　2　6

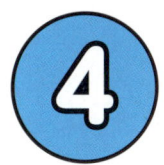

4　1　9　8　10

2 ●の かずを こえに だして いいましょう。

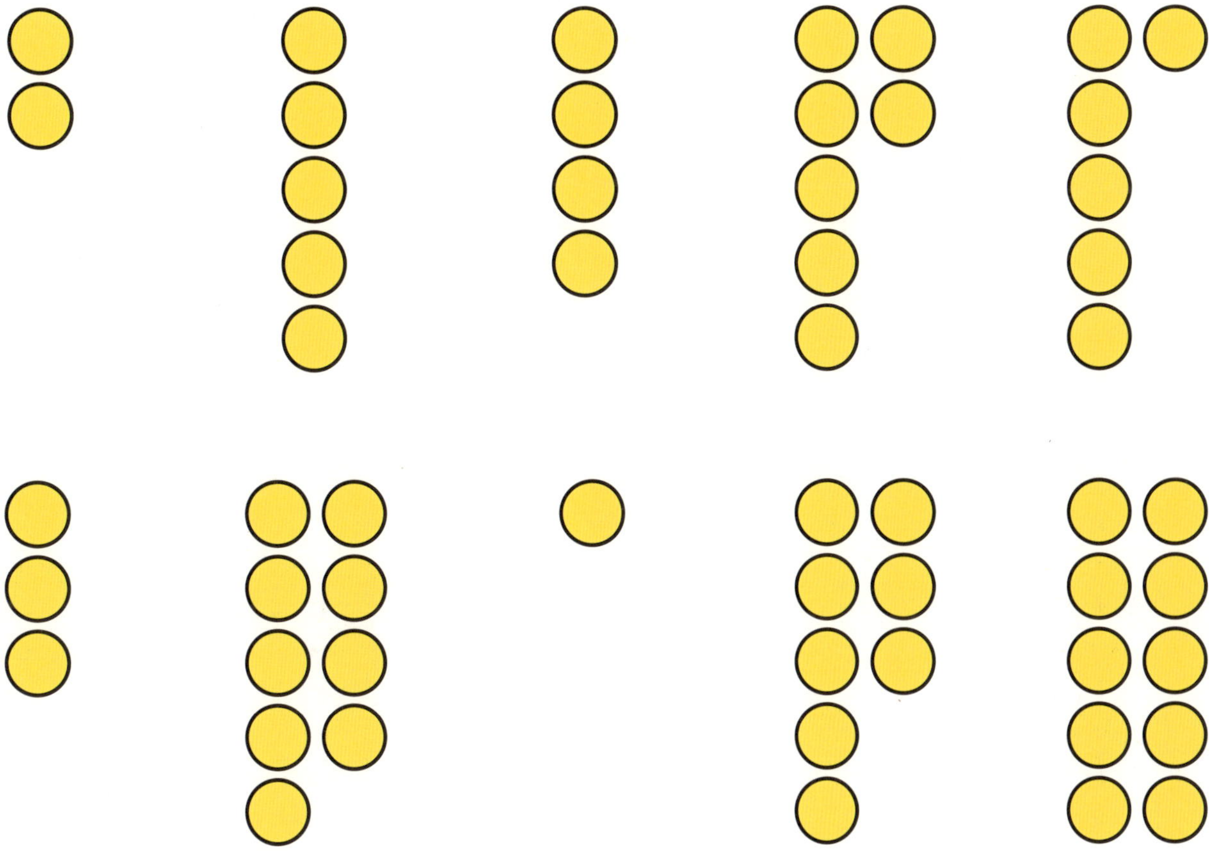

かずの かぞえかた

れんしゅう①

おうちの かたへ

1 2 は、おこさんが よむのを
きいて あげて ください。
おうちのかたと こえを そろえて よむのも
こうかてき。

1 つぎの かずを よみましょう。

7　2　3　5　6

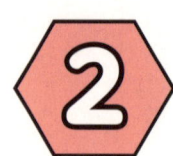

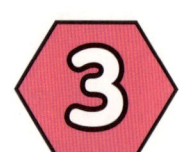

10　1　4　8　9

2 つぎの ほし（☆）の かずを いいましょう。

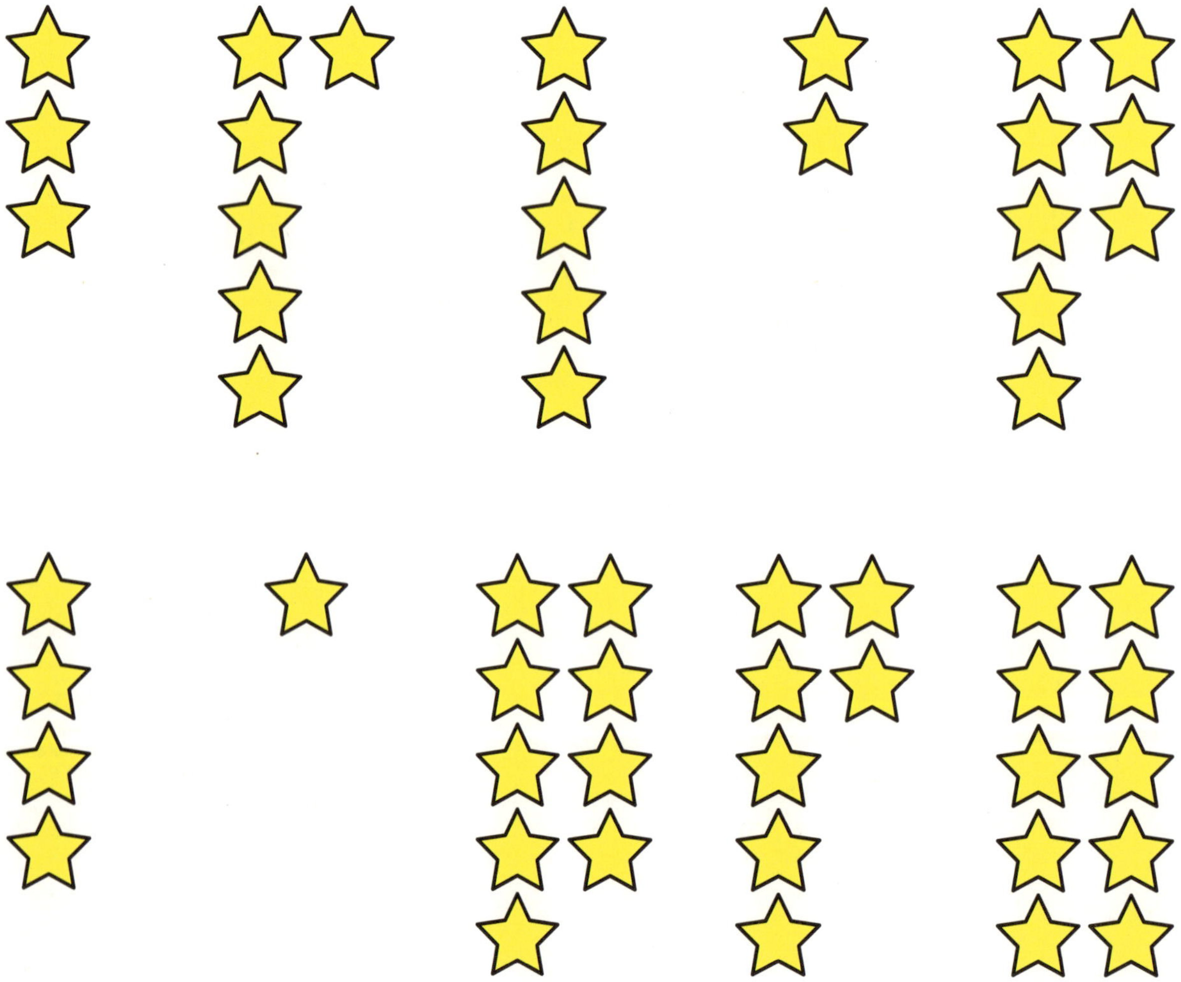

かずの かぞえかた

れんしゅう②

おうちの かたへ

②は、さいしょに□を 1つ1つ かぞえて ゆっくりと。
つぎは みただけで かずを いいましょう。

1 つぎの かずを よみましょう。
はじめは ゆっくりと、
つぎは はやく よんで みましょう。

9　4　8　2　10

5　6　3　1　7

2 つぎの しかく（□）の かずを いいましょう。
はじめは ゆっくりと、
つぎは はやく よんで みましょう。

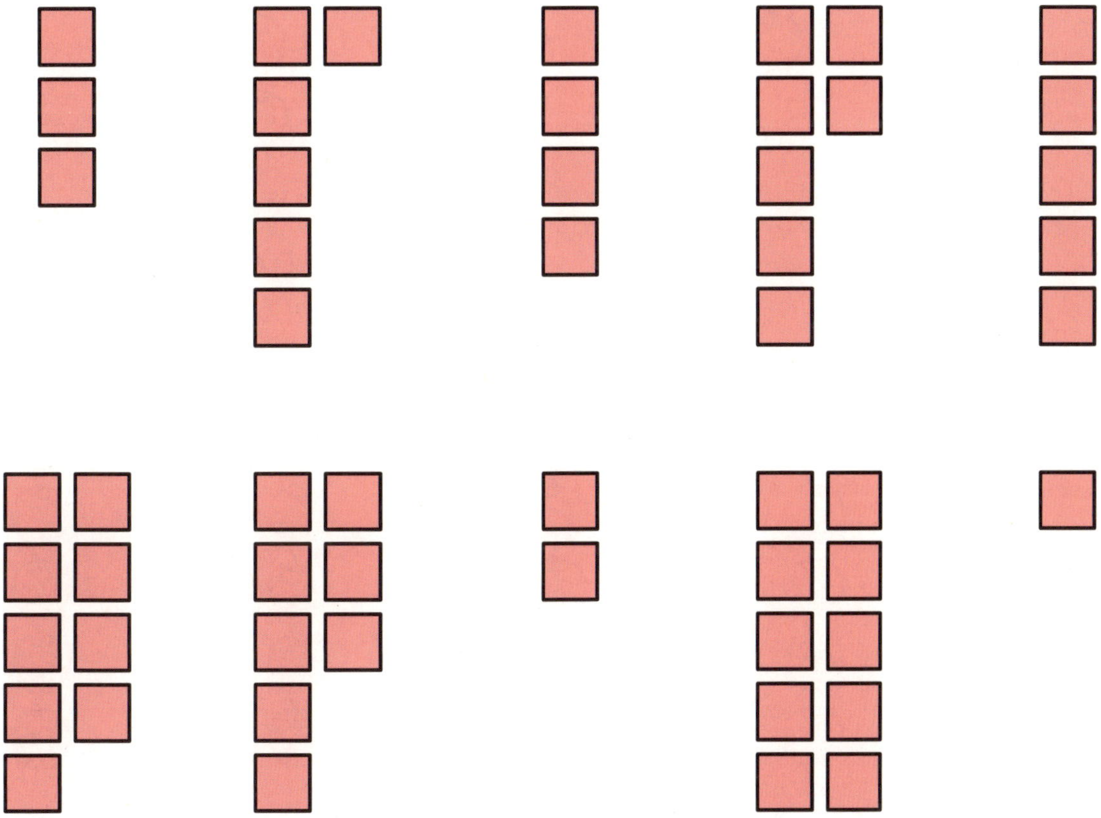

ものの かずの かぞえかた

おうちの かたへ
リズムを つけて なんども いっしょに
よんで あげて ください。

1 ひと の かぞえかた

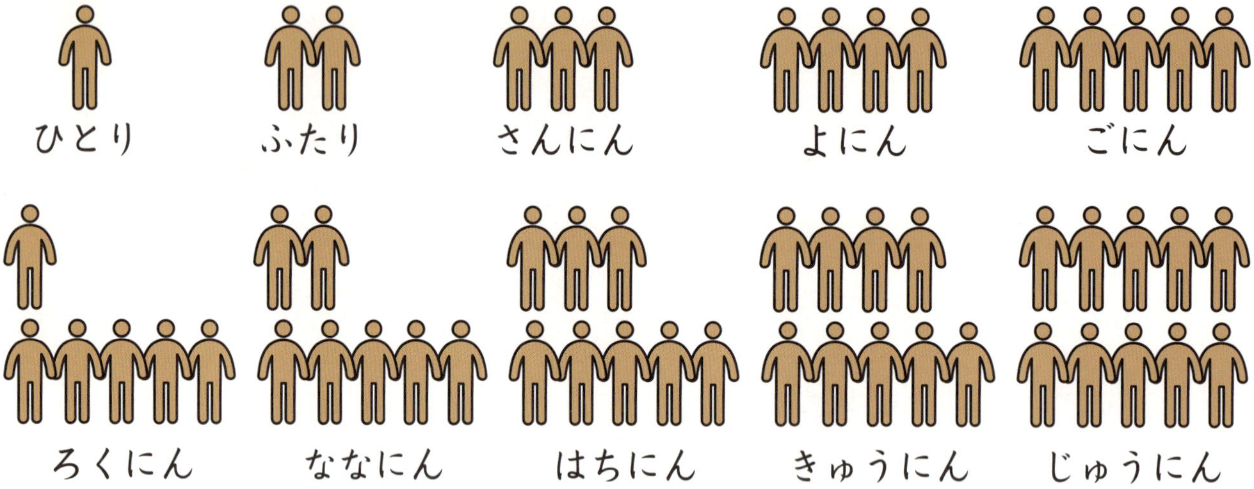

2 くだものなど の かぞえかた

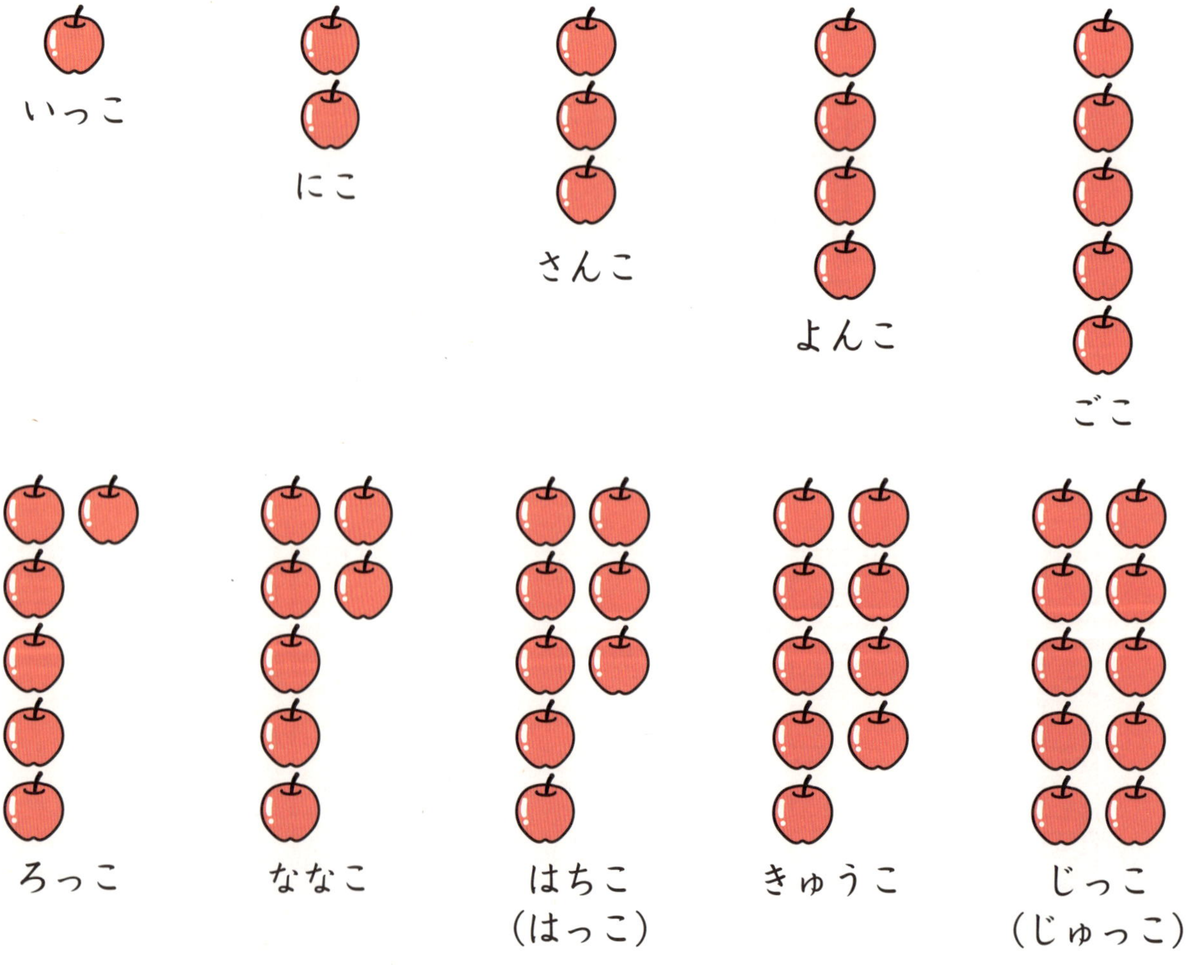

3 ほそながい ものの かぞえかた

いっぽん　にほん　さんぼん　よんほん　ごほん

ろっぽん　ななほん　はっぽん　きゅうほん　じっぽん（じゅっぽん）

4 かみなど うすい ものの かぞえかた

いちまい

にまい

さんまい

よんまい

ごまい

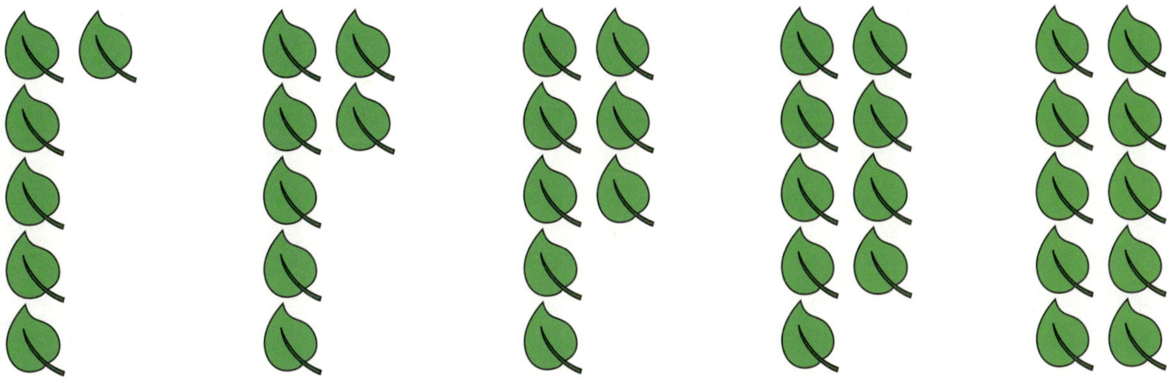

ろくまい　ななまい　はちまい　きゅうまい　じゅうまい

もののかずのかぞえかた

5 ほんの かぞえかた

いっさつ　にさつ　さんさつ　よんさつ　ごさつ

ろくさつ　ななさつ　はっさつ　きゅうさつ　じっさつ（じゅっさつ）

6 ちいさい どうぶつの かぞえかた

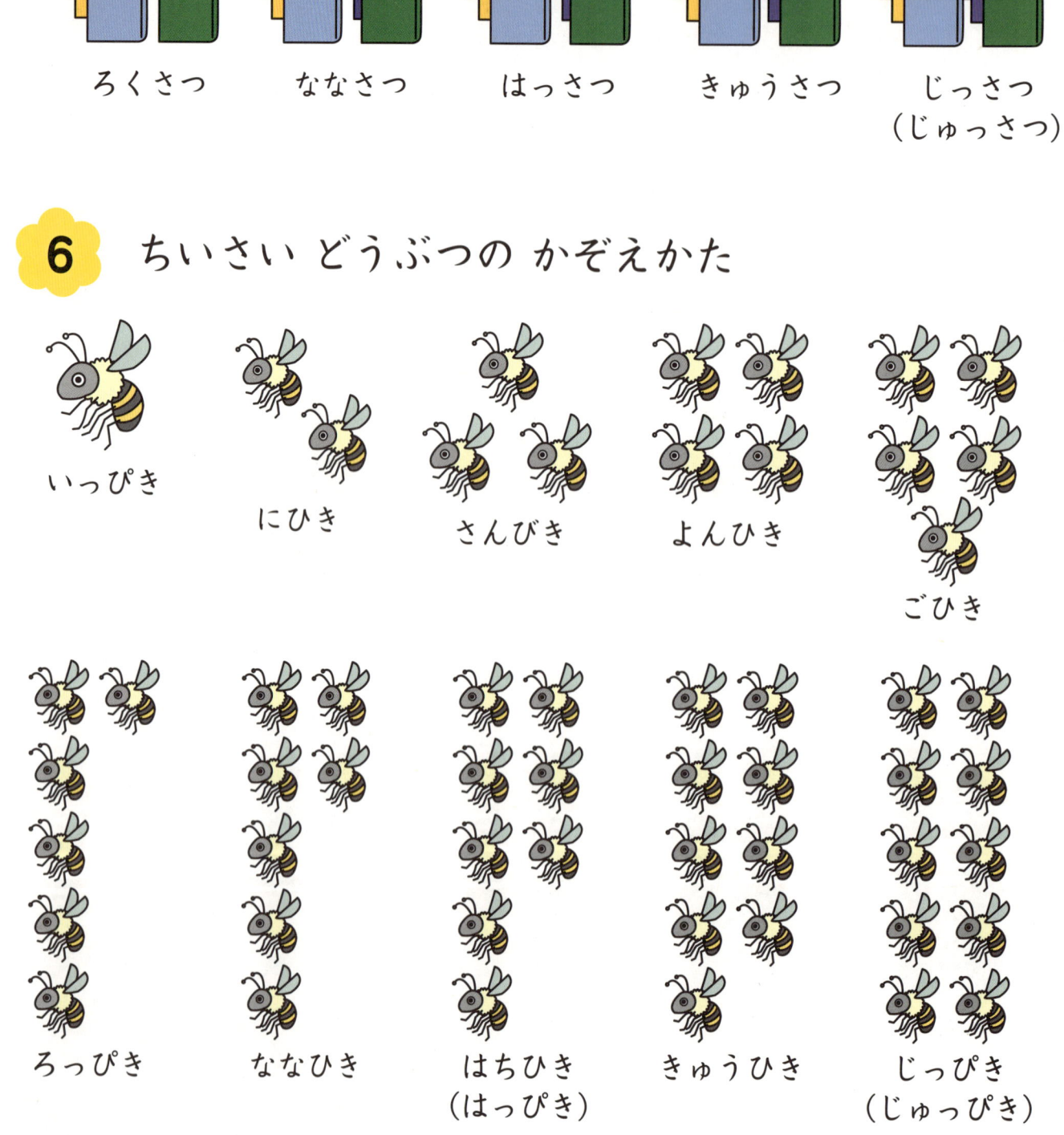

いっぴき

にひき

さんびき

よんひき

ごひき

ろっぴき　ななひき　はちひき（はっぴき）　きゅうひき　じっぴき（じゅっぴき）

7 とりの かぞえかた

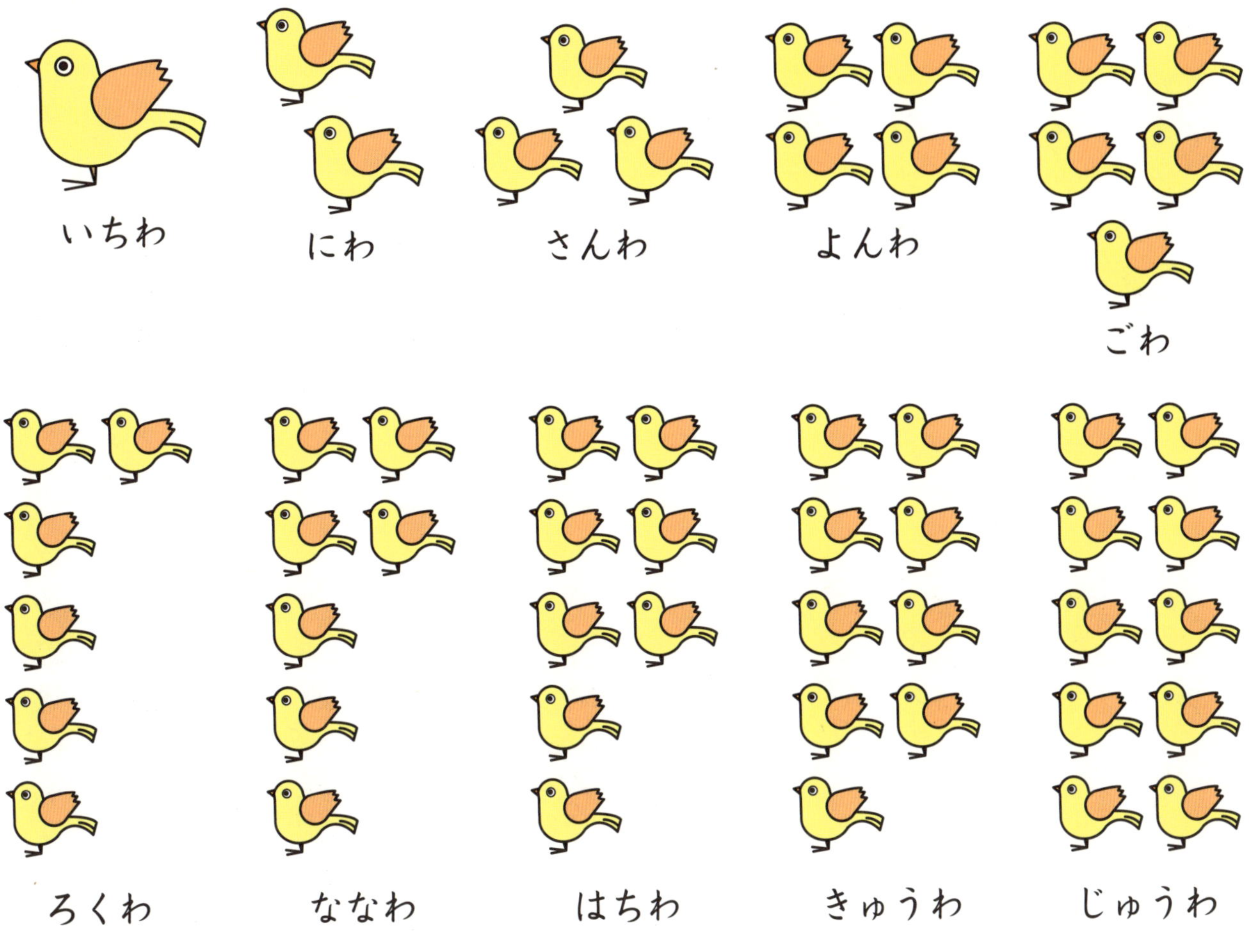

いちわ
にわ
さんわ
よんわ
ごわ
ろくわ
ななわ
はちわ
きゅうわ
じゅうわ

8 ふんの かぞえかた

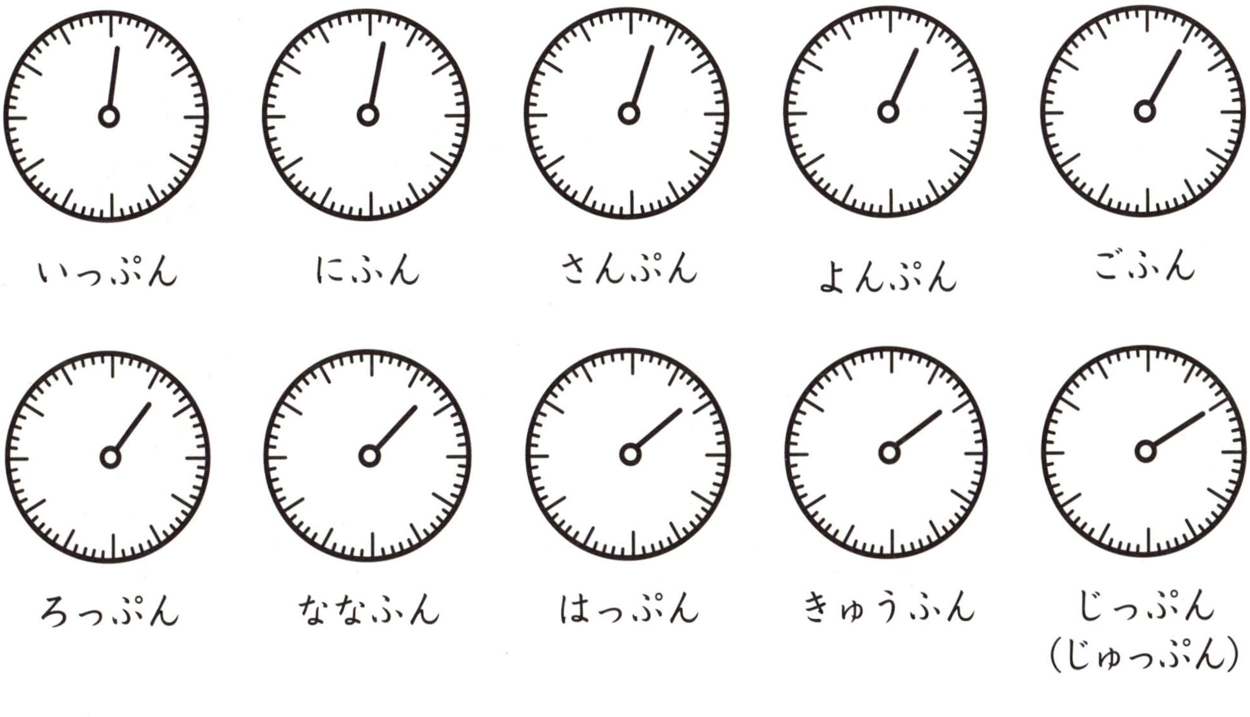

いっぷん
にふん
さんぷん
よんぷん
ごふん
ろっぷん
ななふん
はっぷん
きゅうふん
じっぷん
（じゅっぷん）

もののかずのかぞえかた

れいだい

おうちの かたへ

1から 10までの いろいろな ものの
かぞえかたは なんどもなんども こえに
だして いって みる ことが たいせつです。

1 つぎの ものの かずを かぞえて みましょう。

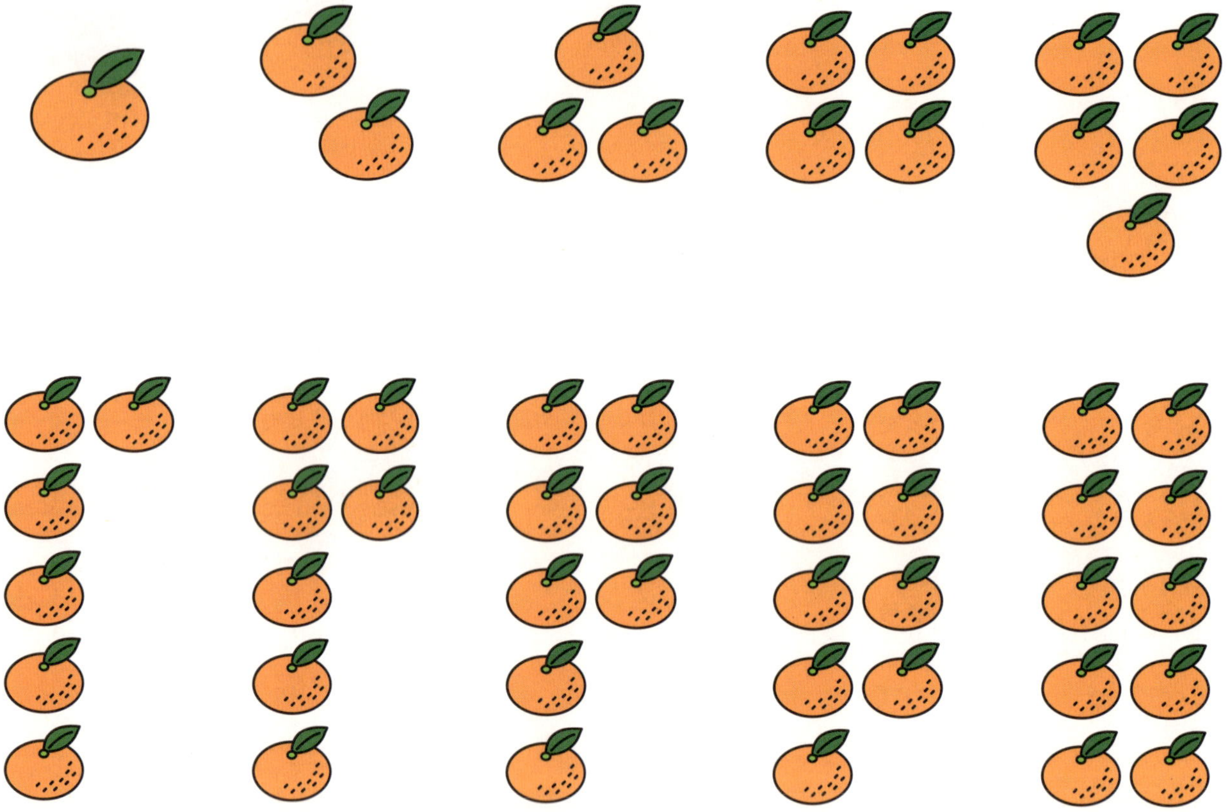

2 つぎの ものの かずを かぞえて みましょう。

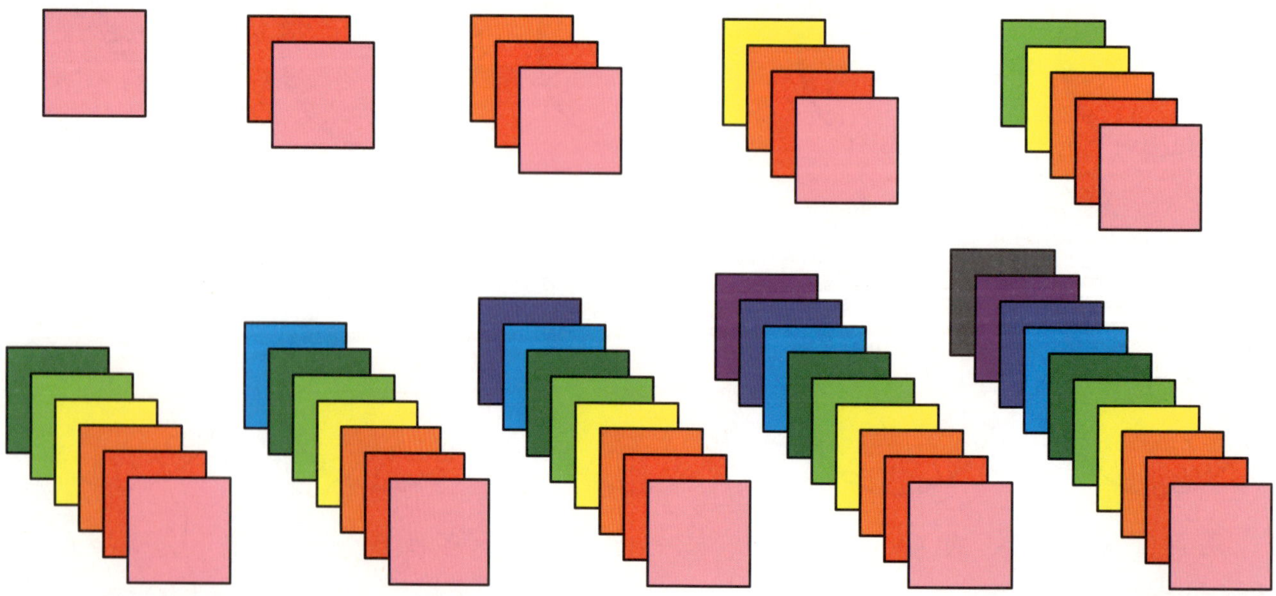

3 つぎの どうぶつの かずを かぞえて みましょう。

4 つぎの ひとの かずを かぞえて みましょう。

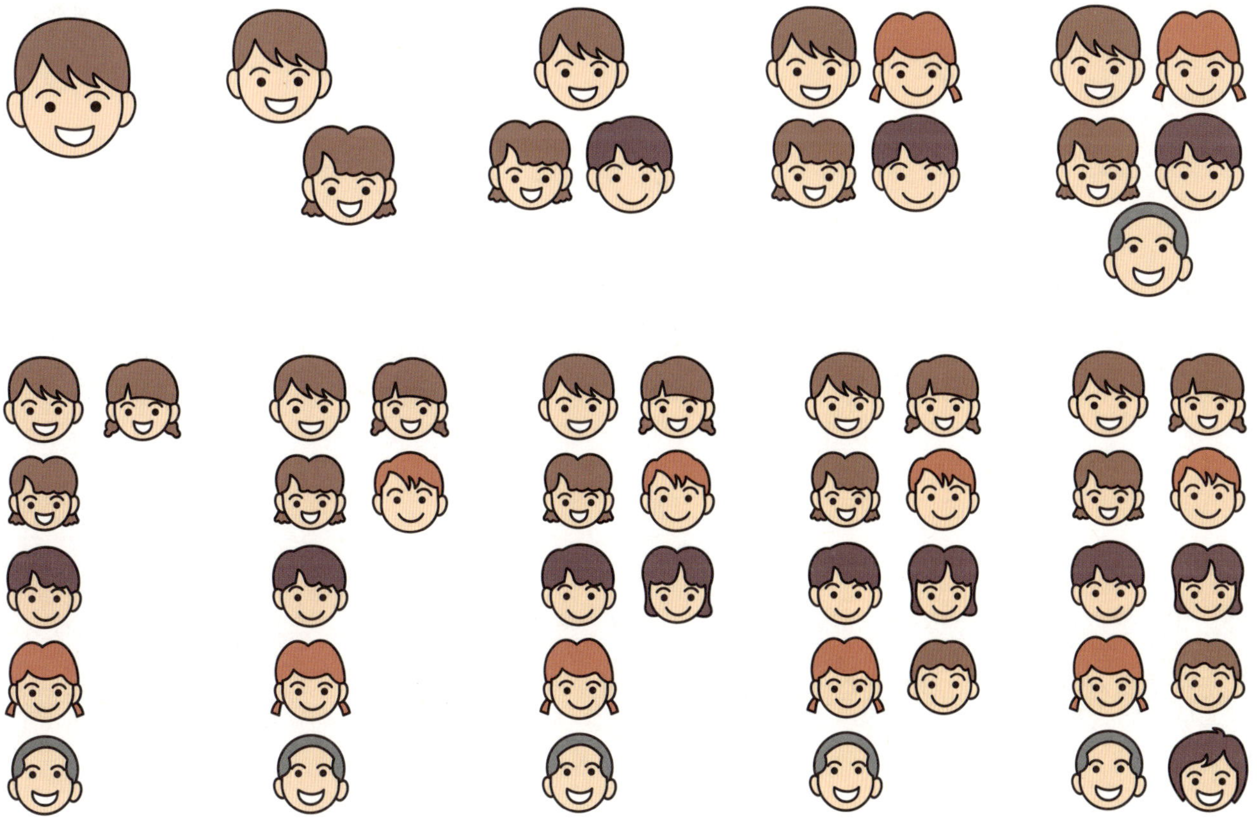

ものの かずの かぞえかた

れんしゅう①

おうちの かたへ

1 2 は、おこさんが よむのを きいて あげて ください。
まちがった ときは おだやかに なおして あげて ください。

1 つぎの ものの かずを かぞえて みましょう。

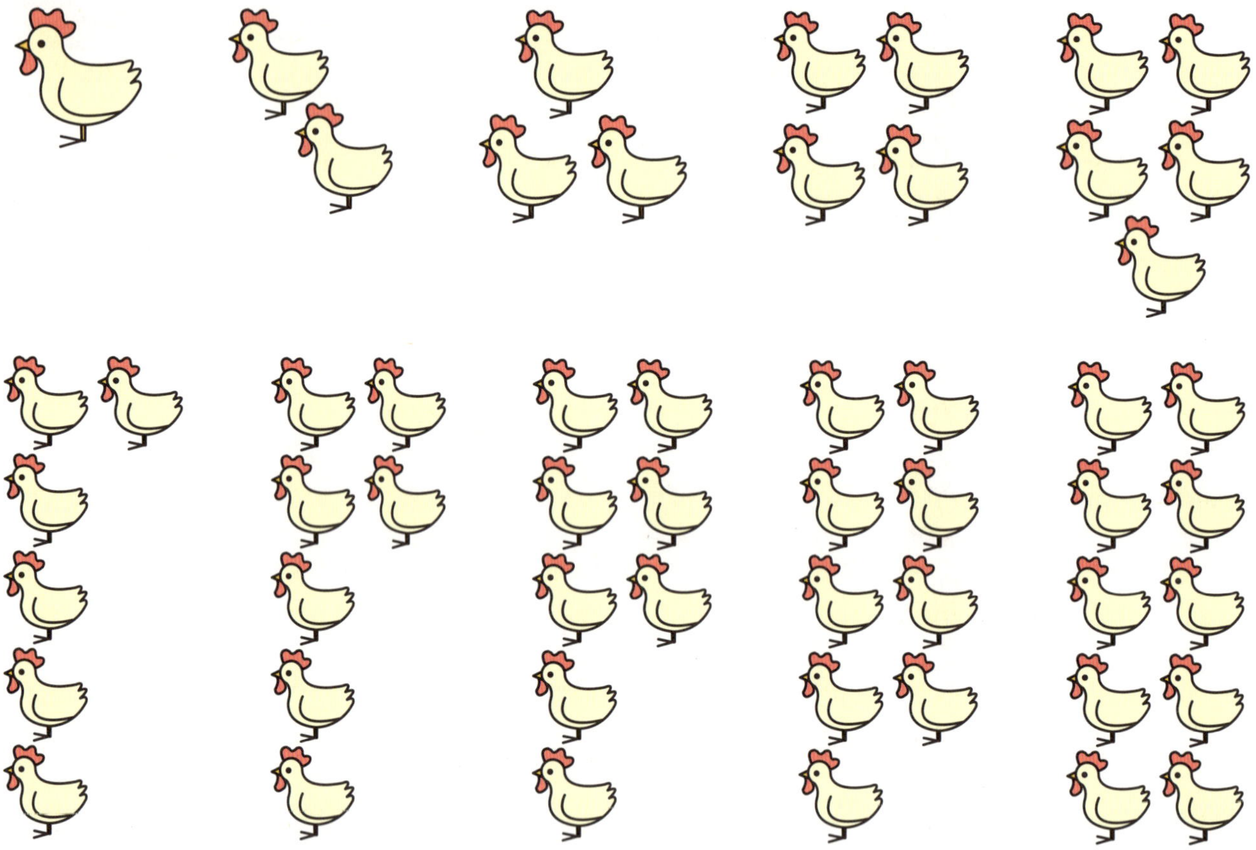

2 つぎの ものの かずを かぞえて みましょう。

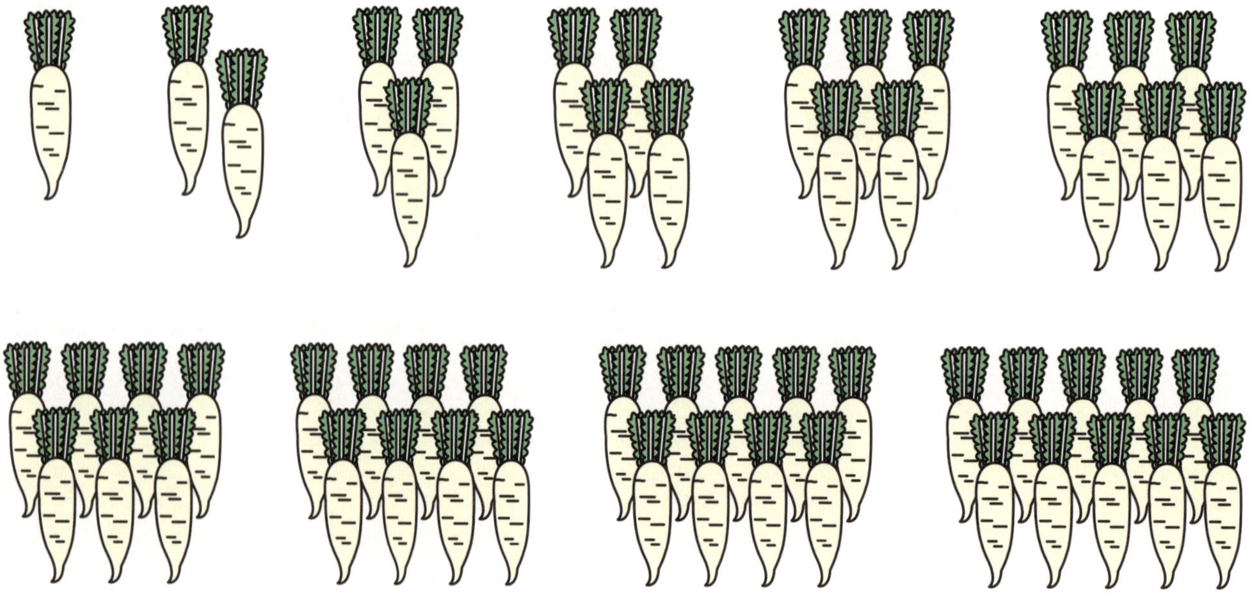

3 つぎの あかちゃんの かずを かぞえて みましょう。

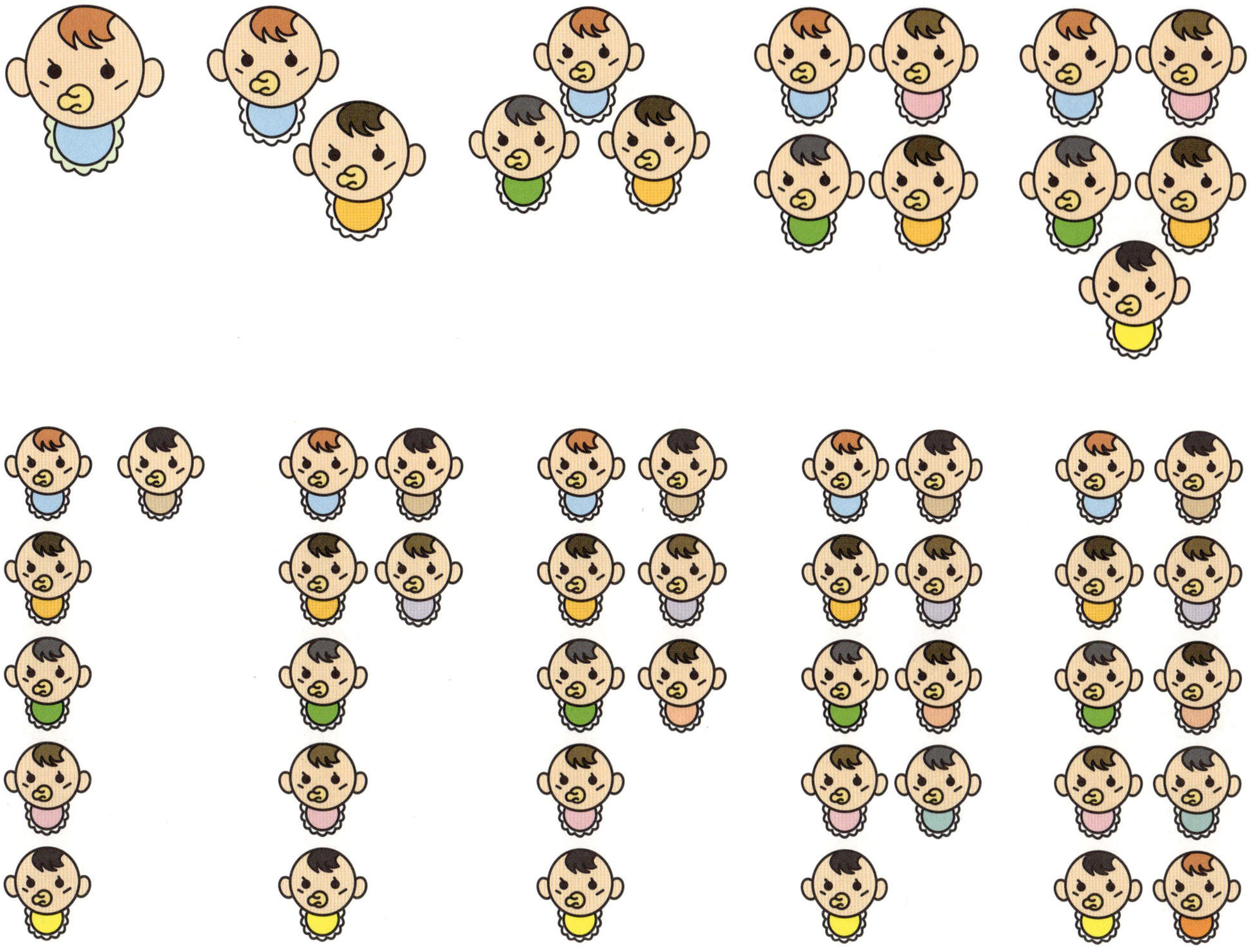

4 つぎの ものの かずを かぞえて みましょう。

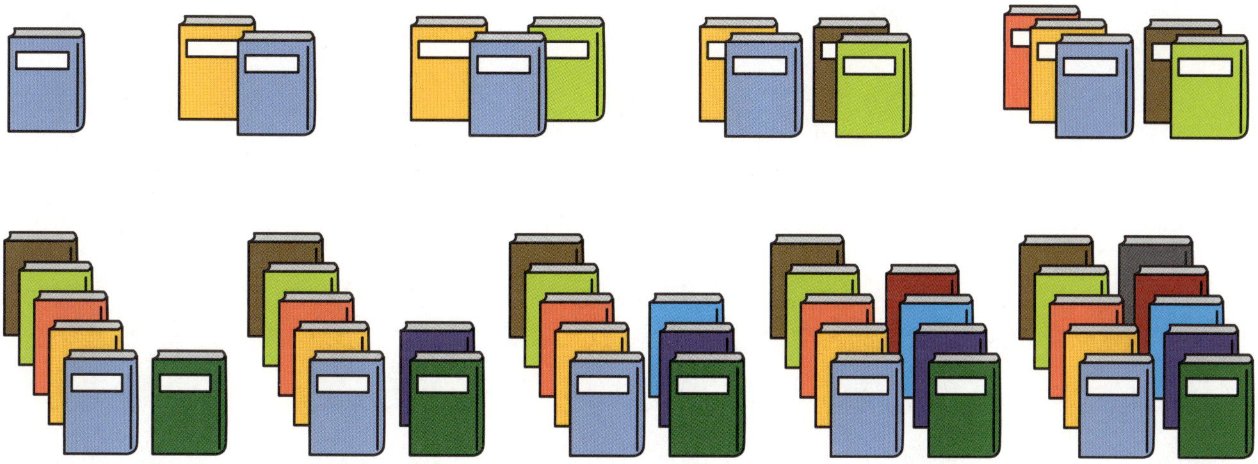

ものの かずの かぞえかた

れんしゅう②

おうちの かたへ

はじめは じゅんばんに いいましょう。
2、3かい くりかえしてから おかあさんが
あちこち しめして あげて ください。

1 つぎの ものの かずを かぞえて みましょう。

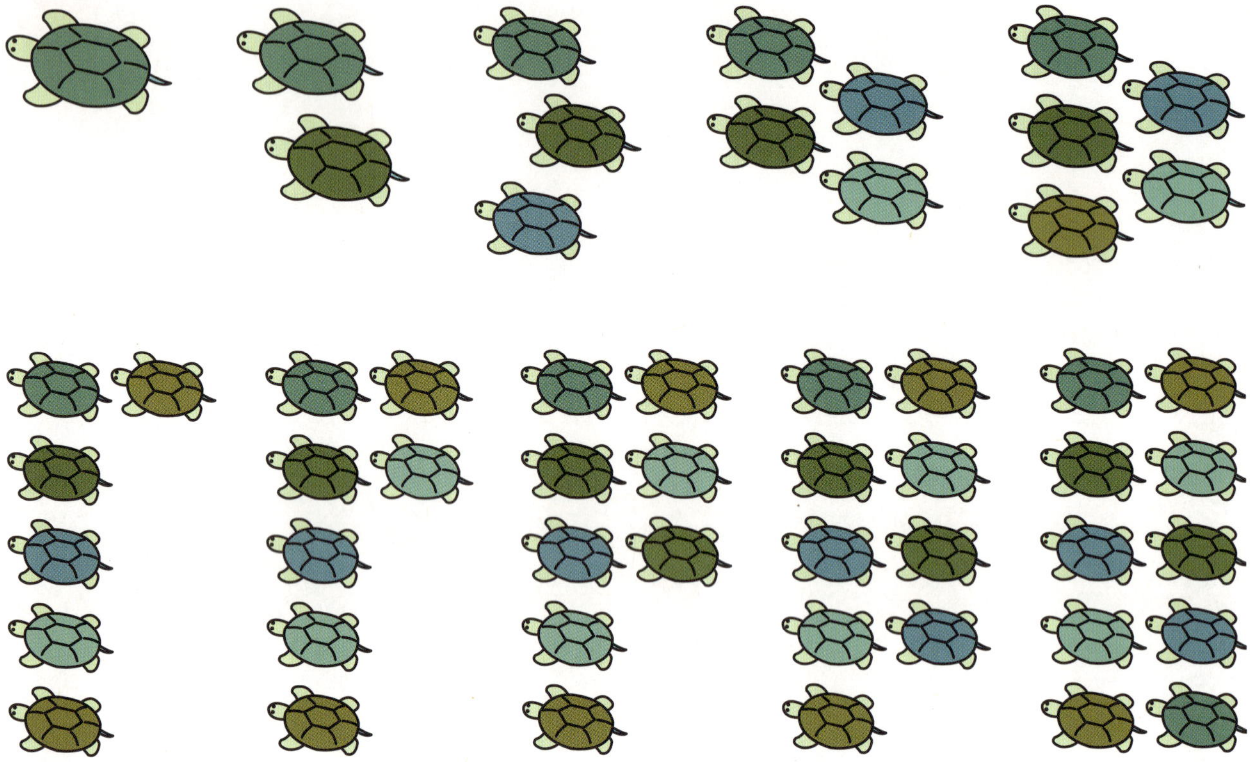

2 つぎの ものの かずを かぞえて みましょう。

3 つぎの ものの かずを かぞえて みましょう。

4 つぎの とりの かずを かぞえて みましょう。

じゅんばんを かぞえる

おうちの ひとと
いっしょに

おうちの かたへ
ゆびで おさえながら おおきな こえで いっしょに
かぞえて ください。
いちばん(め)、にばん(め) …と ひとつ(め)、ふたつ(め)
…のりょうほうを れんしゅうしましょう。

1 したの えを みて こたえましょう。

ひだり

みぎ

① ぶたは ひだりから なんばんめ？
いちばんめ（さる） にばんめ（くま） さんばんめ（ぶた）

② ぶたは みぎから いくつめ？
ひとつめ（ねこ） ふたつめ（いぬ） みっつめ（こあら） よっつめ（うさぎ）
いつつめ（ぶた）

2 みぎの えを みて こたえましょう。

うえ

した

① ちょうちょは うえから なんばんめ？
いちばんめ（つばめ） にばんめ（はち）
さんばんめ（ちょうちょ）

② ちょうちょは したから いくつめ？
ひとつめ（あり） ふたつめ（てんとうむし）
みっつめ（かぶとむし） よっつめ（ちょうちょ）

3 したの えを みて こたえましょう。

① こあらは くまの いくつ みぎに いる？
ひとつ（ぶた） ふたつ（うさぎ） みっつ（こあら）

② くまは いぬの いくつ ひだりに いる？
ひとつ（こあら） ふたつ（うさぎ） みっつ（ぶた） よっつ（くま）

③ さるの みっつ みぎは なに？
ひとつ（くま） ふたつ（ぶた） みっつ（うさぎ）

④ いぬの みっつ ひだりは なに？
ひとつ（こあら） ふたつ（うさぎ） みっつ（ぶた）

4 みぎの えを みて こたえましょう。

① はちは かぶとむしの いくつ うえに いる？
ひとつ（ちょうちょ） ふたつ（はち）

② ありは はちの いくつ したに いる？
ひとつ（ちょうちょ） ふたつ（かぶとむし）
みっつ（てんとうむし） よっつ（あり）

③ つばめの みっつ したは なに？
ひとつ（はち） ふたつ（ちょうちょ）
みっつ（かぶとむし）

④ てんとうむしの ふたつ うえは なに？
ひとつ（かぶとむし） ふたつ（ちょうちょ）

じゅんばんを かぞえる

れいだい

おうちの かたへ

12 この ページ《ぺえじ》も ゆびで おさえながら
こえを だして かぞえるように して ください。

1 したの えを みて こたえましょう。

ひだり

みぎ

① ねこは ひだりから なんばんめ？

② いぬは みぎから いくつめ？

③ くまの 3つ みぎは なに？

④ うさぎの 2つ ひだりは なに？

2 みぎの えを みて こたえましょう。

うえ

した

① てんとうむしは うえから なんばんめ？

② かぶとむしは したから いくつめ？

③ ありの 2つ うえは なに？

④ ちょうちょの 3つ したは なに？

れんしゅう①

おうちの かたへ
「〜ばんめ」と「いくつめ」に なれる れんしゅうです。「1ばんめ、2ばんめ…」とこえに だして かぞえましょう。

1 えを みて こたえましょう。

① まえから 3ばんめの めだかの ◯を ぬりましょう。

② うしろから 4つめの かめの ◯を ぬりましょう。

③ まえから 5ばんめの くるまの ◯を ぬりましょう。

④ ひだりから 3つめの いかの ◯を ぬりましょう。

⑤ みぎから 2ばんめの りんごの ◯を ぬりましょう。

⑥ みぎから 4つめの どーなつの ◯を ぬりましょう。

じゅんばんを かぞえる

れんしゅう②

おうちの かたへ

「なんばんめ」と きかれた ときは「1ばんめ、2ばんめ…」、「いくつめ」と きかれた ときは「1つめ、2つめ…」と こたえるように して ください。

2 えを みて こたえましょう。

① したから 3ばんめの ひこうきの ◯を ぬりましょう。

うえ

した

② したから 1つめの いぬの ◯を ぬりましょう。

うえ

した

③ したから 4ばんめの ほんの ◯を ぬりましょう。

うえ

した

④ したから 2つめの へりこぷたーの ◯を ぬりましょう。

うえ

した

⑤ したから 4ばんめの ねこの ◯を ぬりましょう。

うえ

した

⑥ したから 5つめの りすの ◯を ぬりましょう。

うえ

した

じゅんばんを かぞえる

れんしゅう③

おうちの かたへ

かかれて いる もんだいだけではなく
おかあさんが じゆうに もんだいを
だして あげて ください。

3 したの えを みて こたえの□を ぬりましょう。
⑦⑧は こたえを かきましょう。

① みぎから ３つめに いるのは だれ？

□ さる　□ くま　□ ぶた　□ うさぎ　□ こあら　□ ちょうちょ　□ りす

② ひだりから ４つめに いるのは だれ？

□ さる　□ くま　□ ぶた　□ うさぎ　□ こあら　□ ちょうちょ　□ りす

③ うさぎの １つ うしろに いるのは だれ？

□ さる　□ くま　□ ぶた　□ うさぎ　□ こあら　□ ちょうちょ　□ りす

④ ぶたの １つ まえに いるのは だれ？

□ さる　□ くま　□ ぶた　□ うさぎ　□ こあら　□ ちょうちょ　□ りす

⑤ くまの ２つ うしろに いるのは だれ？

□ さる　□ くま　□ ぶた　□ うさぎ　□ こあら　□ ちょうちょ　□ りす

⑥ りすの ３つ まえに いるのは だれ？

□ さる　□ くま　□ ぶた　□ うさぎ　□ こあら　□ ちょうちょ　□ りす

⑦ ちょうちょは、くまの いくつ うしろ？　□

⑧ ぶたは、こあらの いくつ まえ？　□

れんしゅう④

おうちの かたへ

「いくつめ」「いくつうえ」に なれるように「1つめ、2つめ…」「1つうえ、2つうえ…」と かぞえながら やって みましょう。

4 したの えを みて こたえの□を ぬりましょう。⑦⑧は こたえを かきましょう。

① うえから 4つめは だれ？

□すずめ □りす □かぶとむし □てんとうむし □はち □ちょうちょ □あり

② したから 5つめは だれ？

□すずめ □りす □かぶとむし □てんとうむし □はち □ちょうちょ □あり

③ かぶとむしの 1つ うえは だれ？

□すずめ □りす □かぶとむし □てんとうむし □はち □ちょうちょ □あり

④ はちの 1つ したは だれ？

□すずめ □りす □かぶとむし □てんとうむし □はち □ちょうちょ □あり

⑤ ありの 2つ うえは だれ？

□すずめ □りす □かぶとむし □てんとうむし □はち □ちょうちょ □あり

⑥ りすの 3つ したは だれ？

□すずめ □りす □かぶとむし □てんとうむし □はち □ちょうちょ □あり

⑦ りすは ちょうちょの いくつ うえ？ □

⑧ はちは すずめの いくつ した？ □

かく

文字や数字は、線の集まりです。線を思いどおりに引けるようになることで、文字や数字のバランスがよくなってきます。
この時期は、鉛筆を持ち始める時期です。最初に身につけた正しい鉛筆の持ち方は、一生変わりません。４Ｂ程度の濃さの鉛筆を使い、筆圧が高くなりすぎないようにしてあげてください。
はじめは、長い線をなぞる練習です。中心の点線からずれないように、濃淡が違いすぎないように注意してあげてください。
次は、細い線をなぞる練習です。角から角までを一気に引くようにアドバイスをお願いします。角ではいったん止めて、丸くならないように注意を与えてください。
線を引く練習を十分にやったあとで、数字を書く練習に入ります。
書き順、大きさ、位置に気をつけるようにアドバイスをお願いします。

せんを おおきく かく

おうちの かたへ

- 4B《ビー》ぐらいの こい えんぴつを ごようい ください。
- えんぴつの もちかたに ちゅういして あげて ください。

てんせんを やじるしの むきに なぞって みましょう。

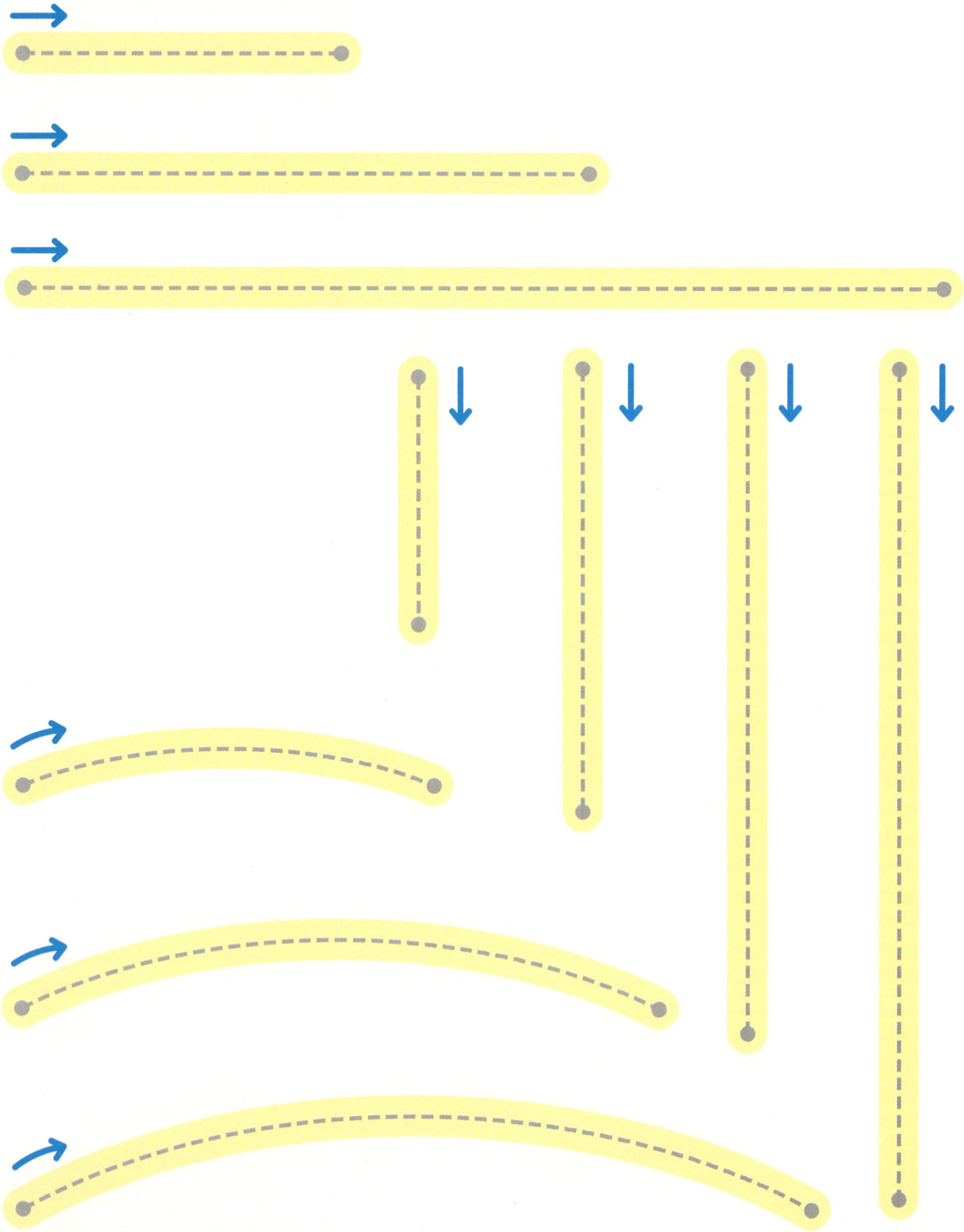

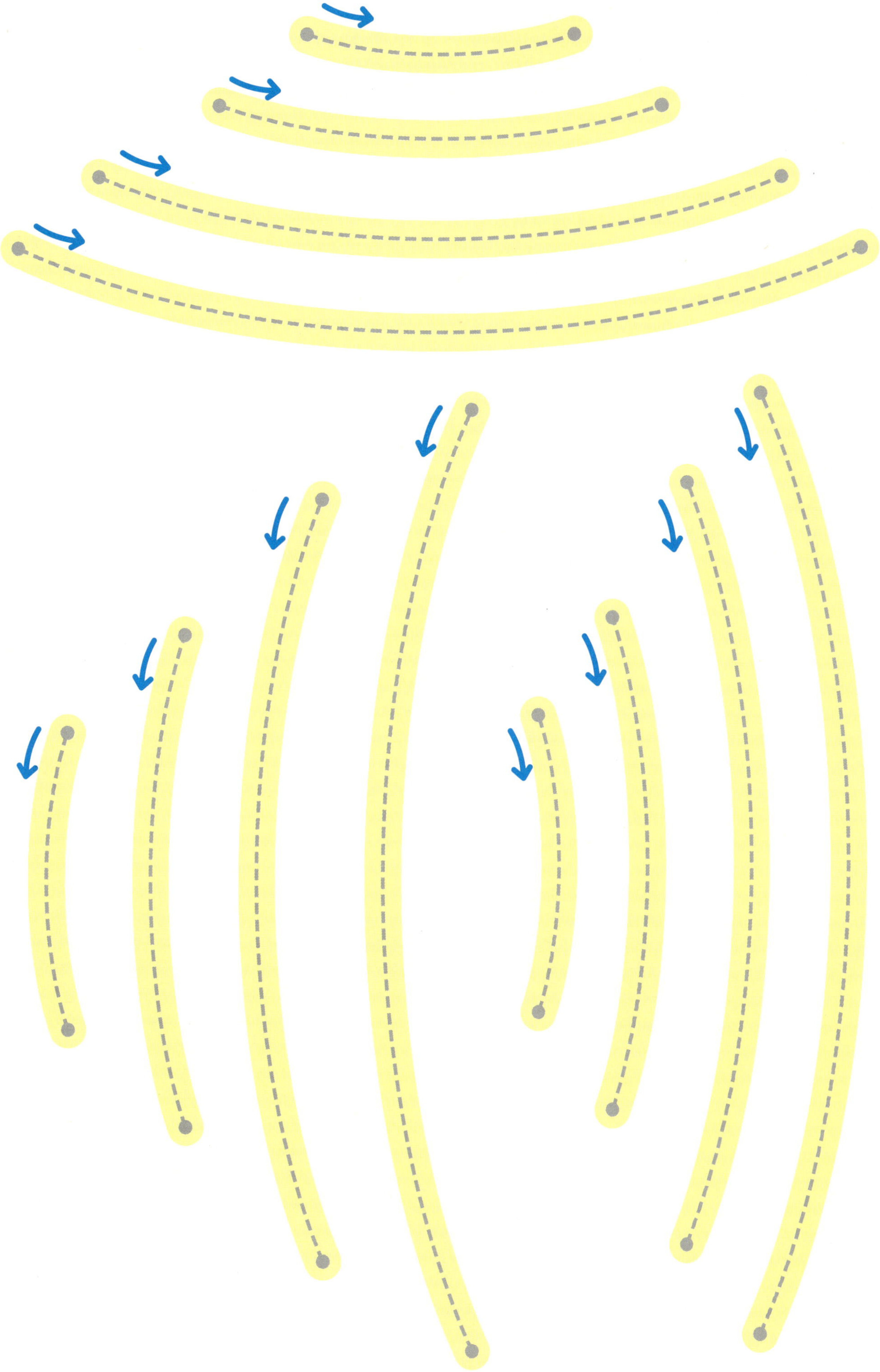

せんを おおきく かく

れいだい①

おうちの かたへ

ながい せんを なぞる ときに しせいが くずれたり えんぴつの もちかたが くずれたり しないように して ください。

1 てんせんを やじるしの むきに なぞって みましょう。

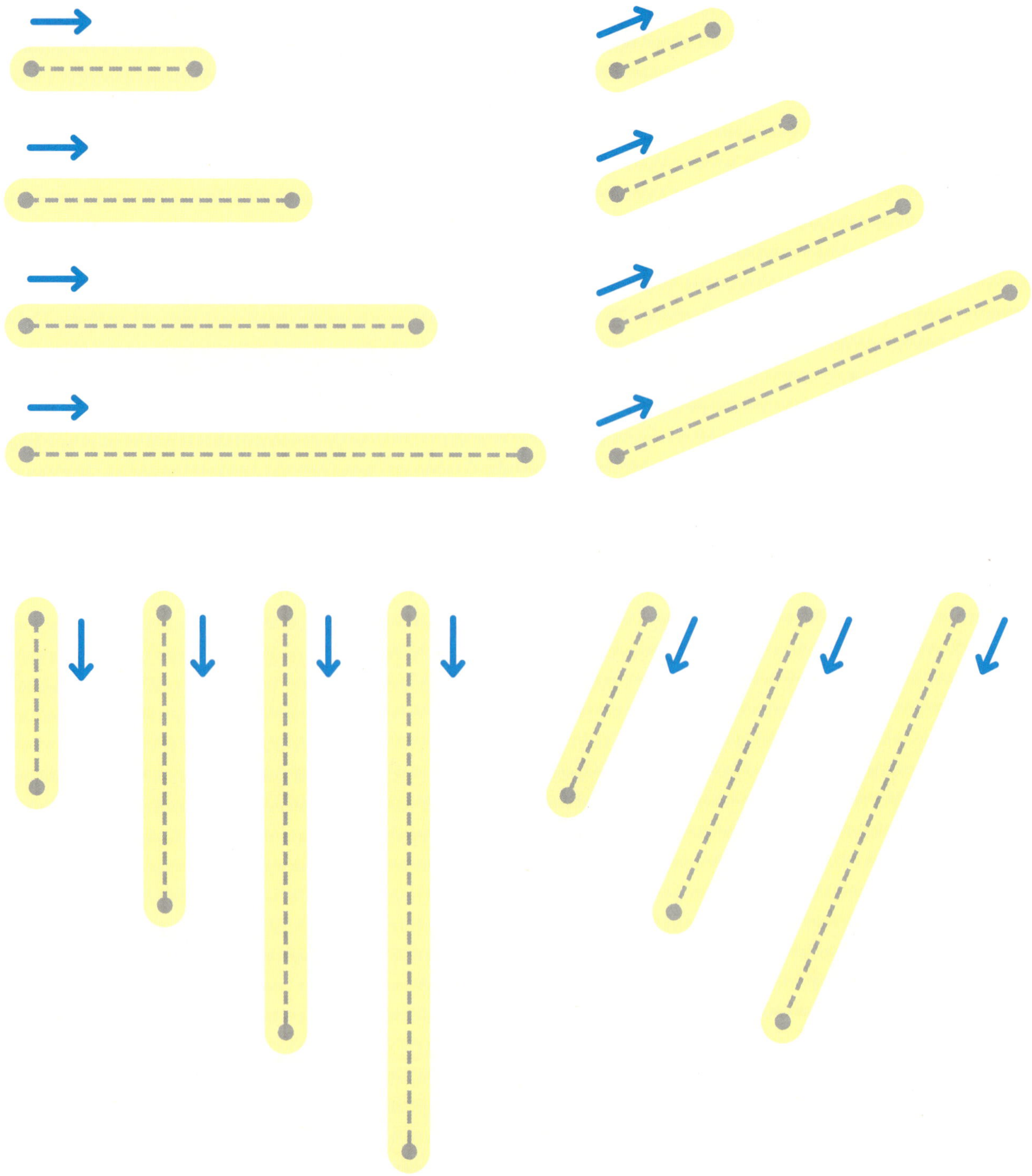

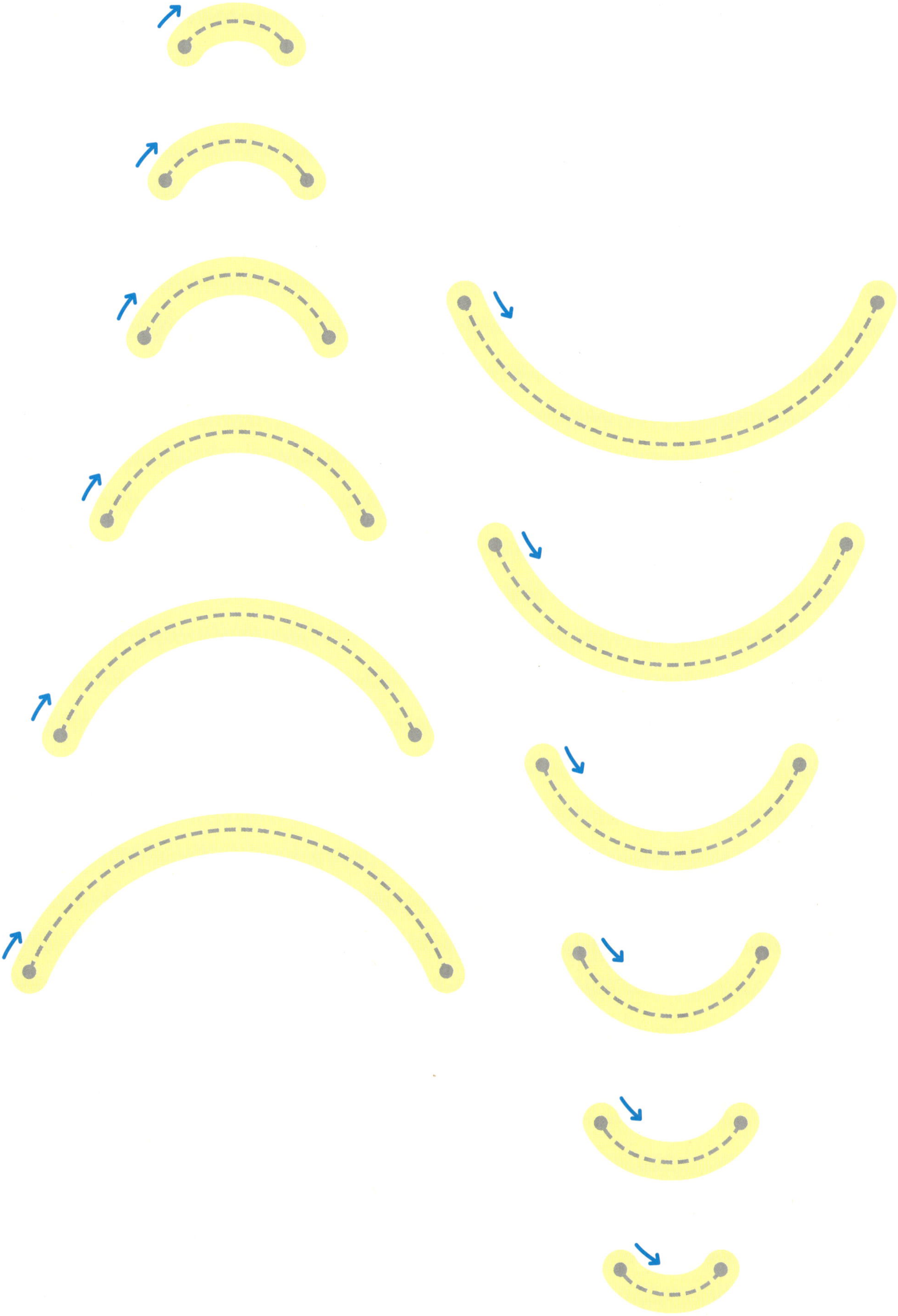

せんを おおきく かく

れいだい②

おうちの かたへ

これから ひく ところを てで かくして しまわないように して ください。

2 てんせんを やじるしの むきに なぞって みましょう。

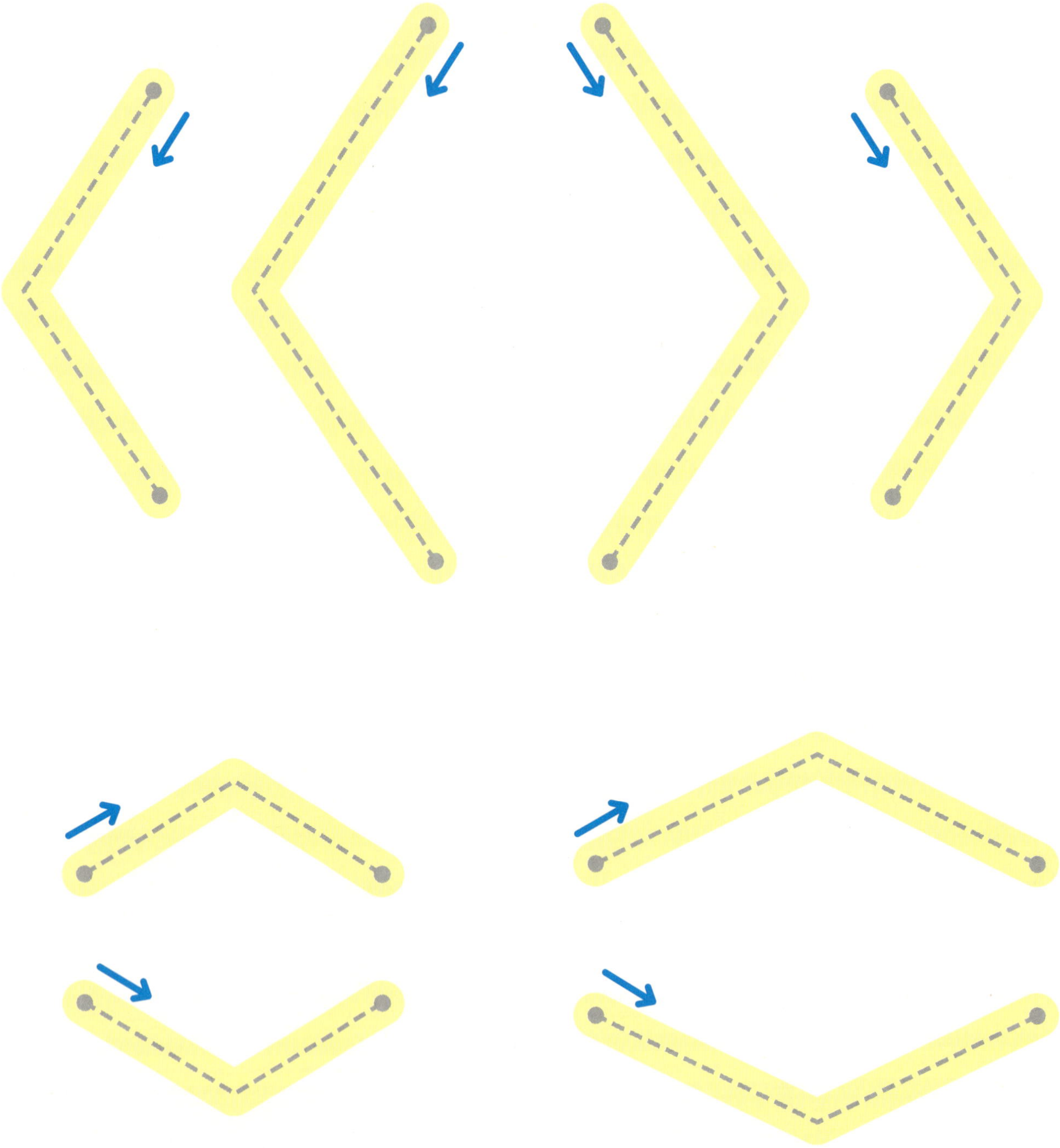

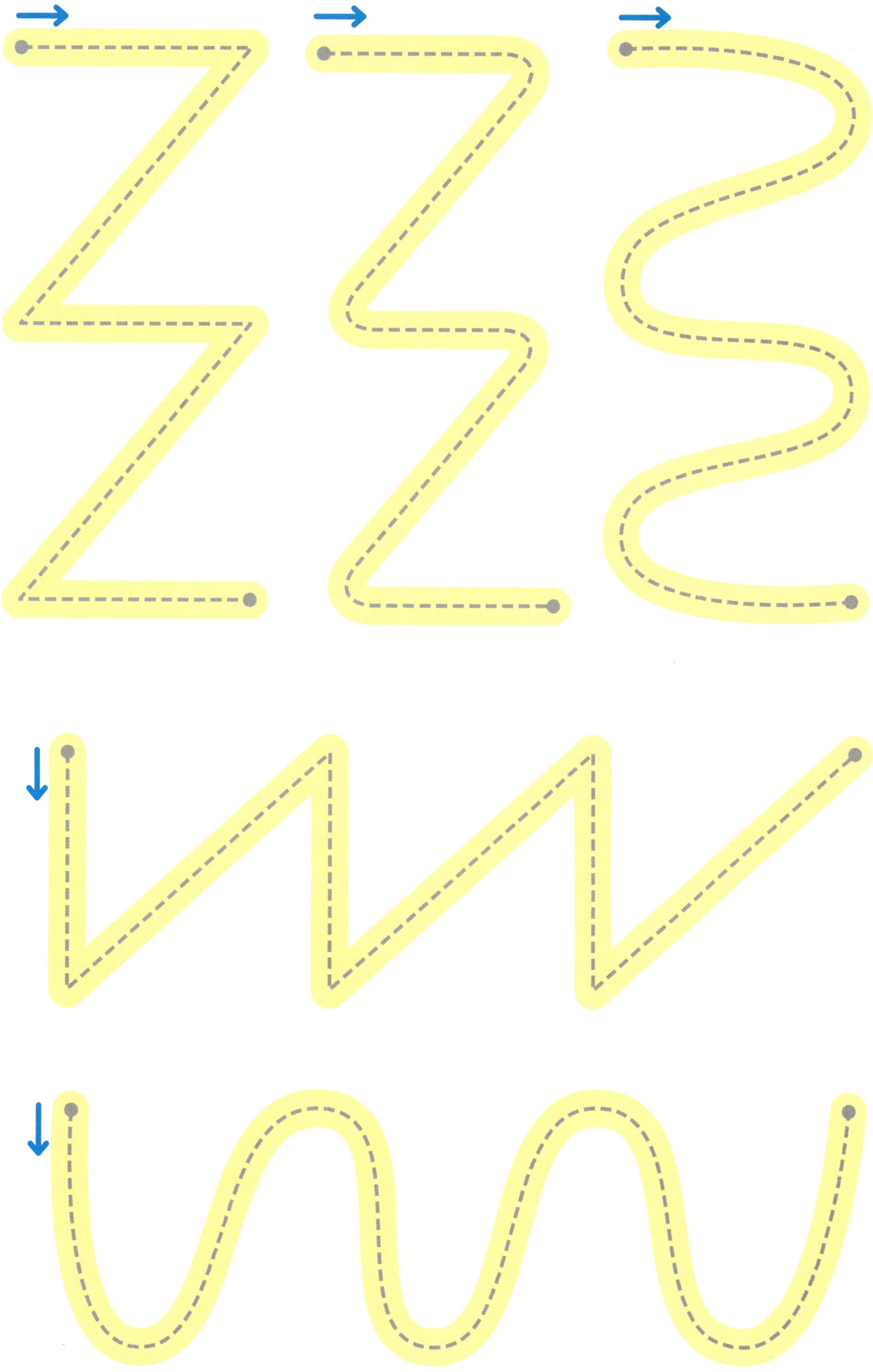

せんを おおきく かく

れんしゅう①

おうちの かたへ

もくひょうの ところまで いっきに ひく
れんしゅうです。

1 てんせんを やじるしの むきに
なぞって みましょう。

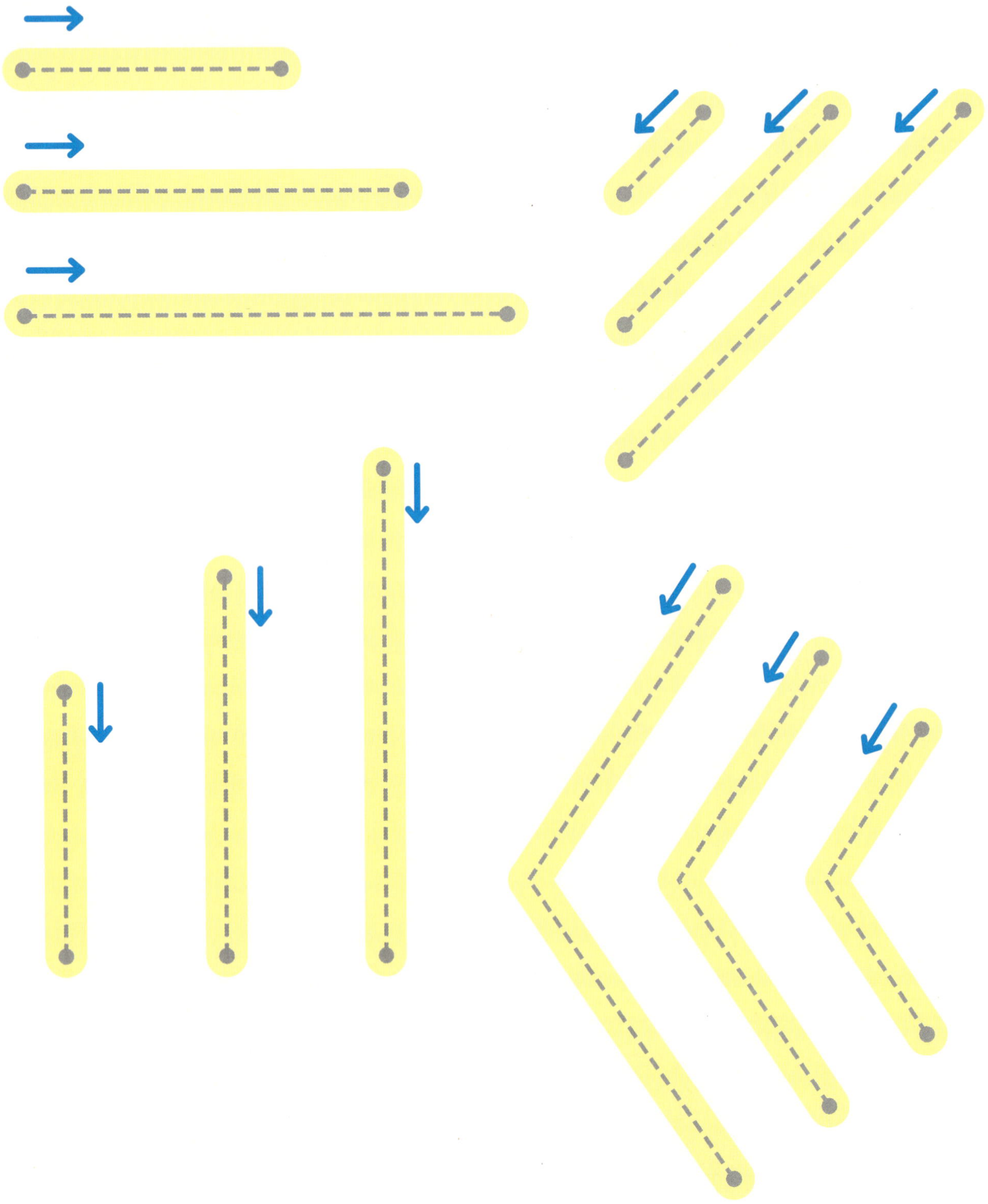

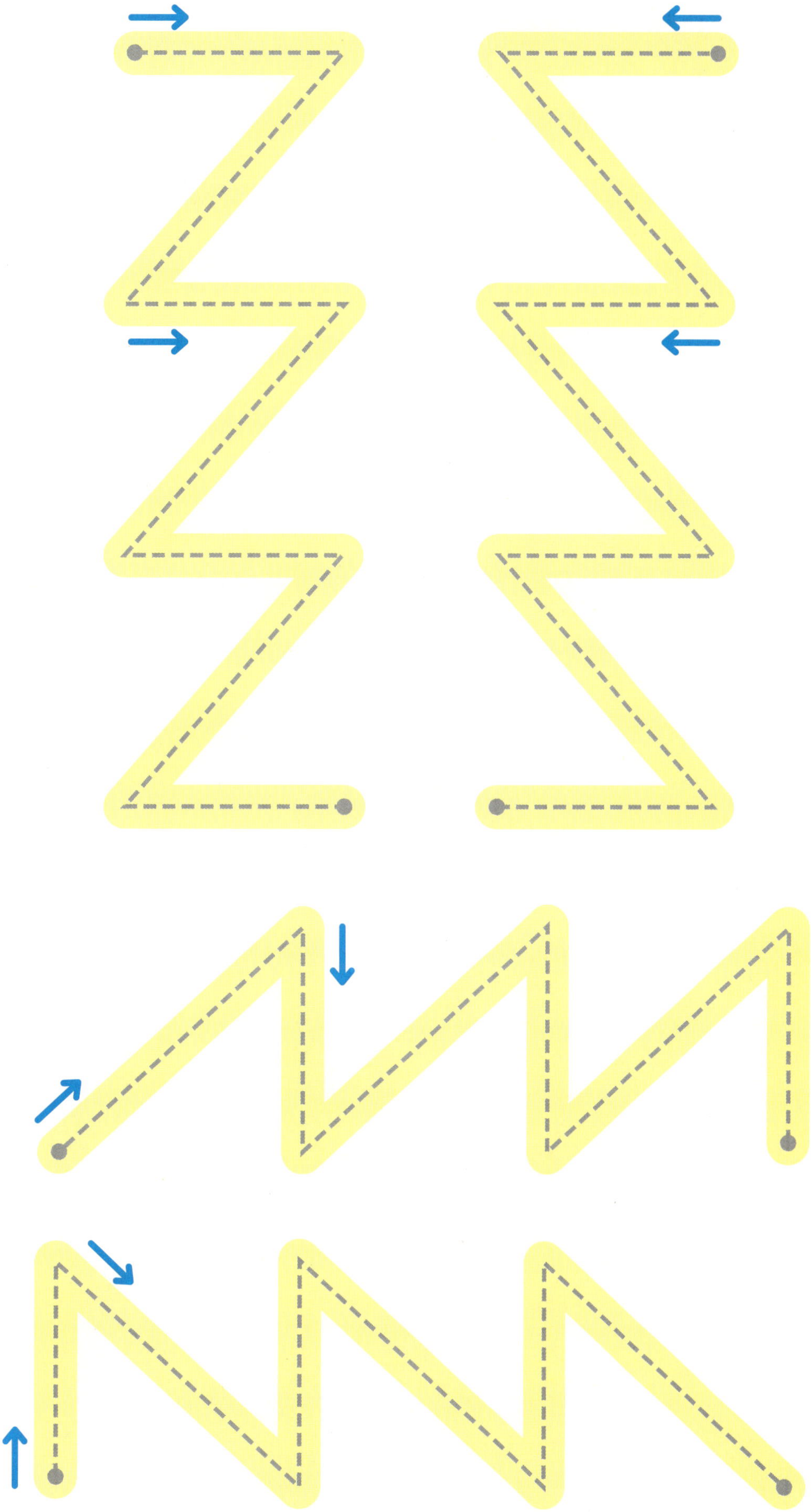

せんを おおきく かく

れんしゅう②

おうちの かたへ

ちゅうしんの てんせんから はずれないように しましょう。おれせんに ならないように ちゅういしましょう。

2 てんせんを やじるしの むきに なぞって みましょう。

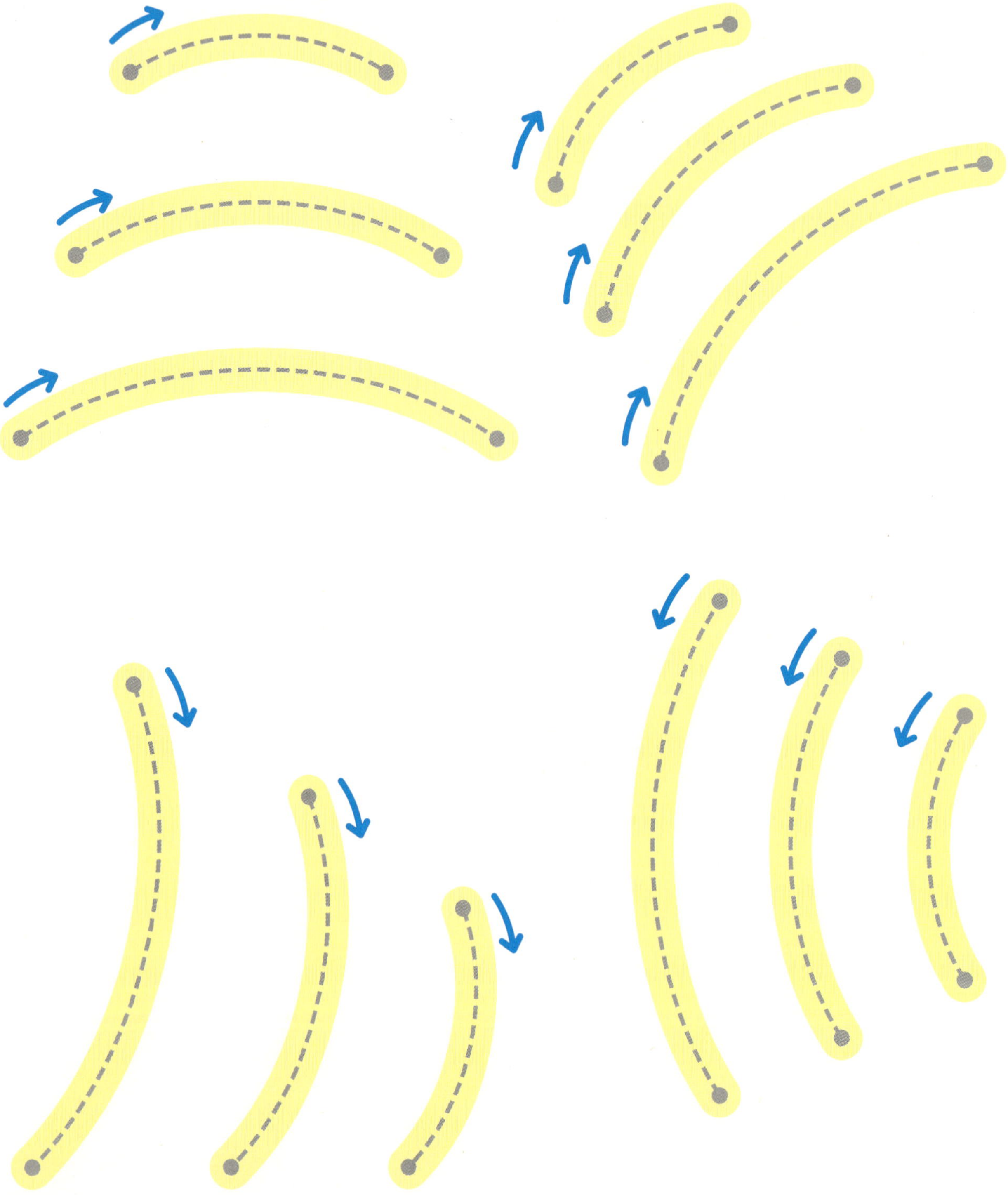

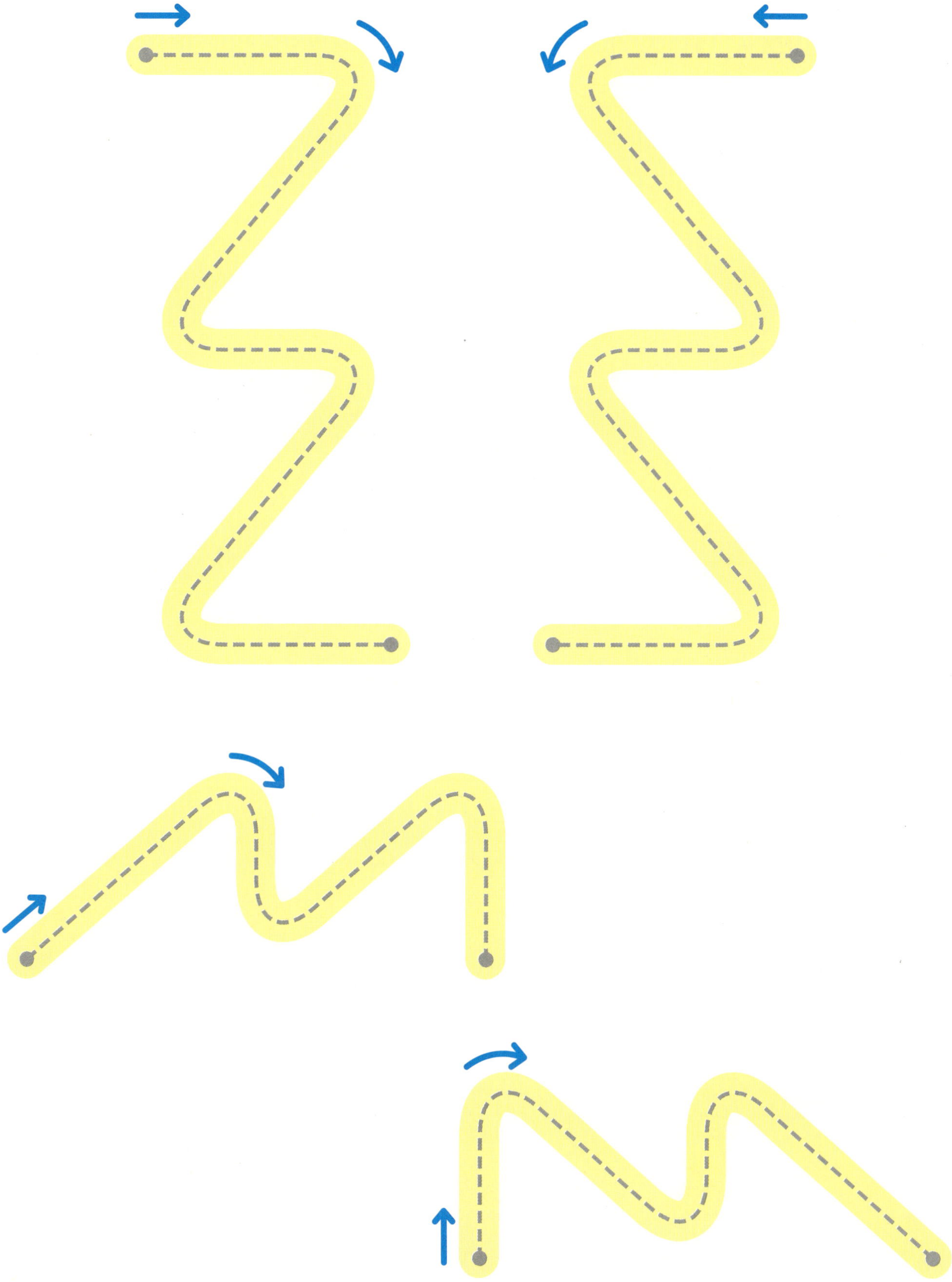

せんを おおきく かく

れんしゅう③

おうちの かたへ

とちゅうで せんを みうしなわないように しましょう。かきはじめる まえに はじめから おわりまでを めで おって おきましょう。

3 てんせんを やじるしの むきに なぞって みましょう。

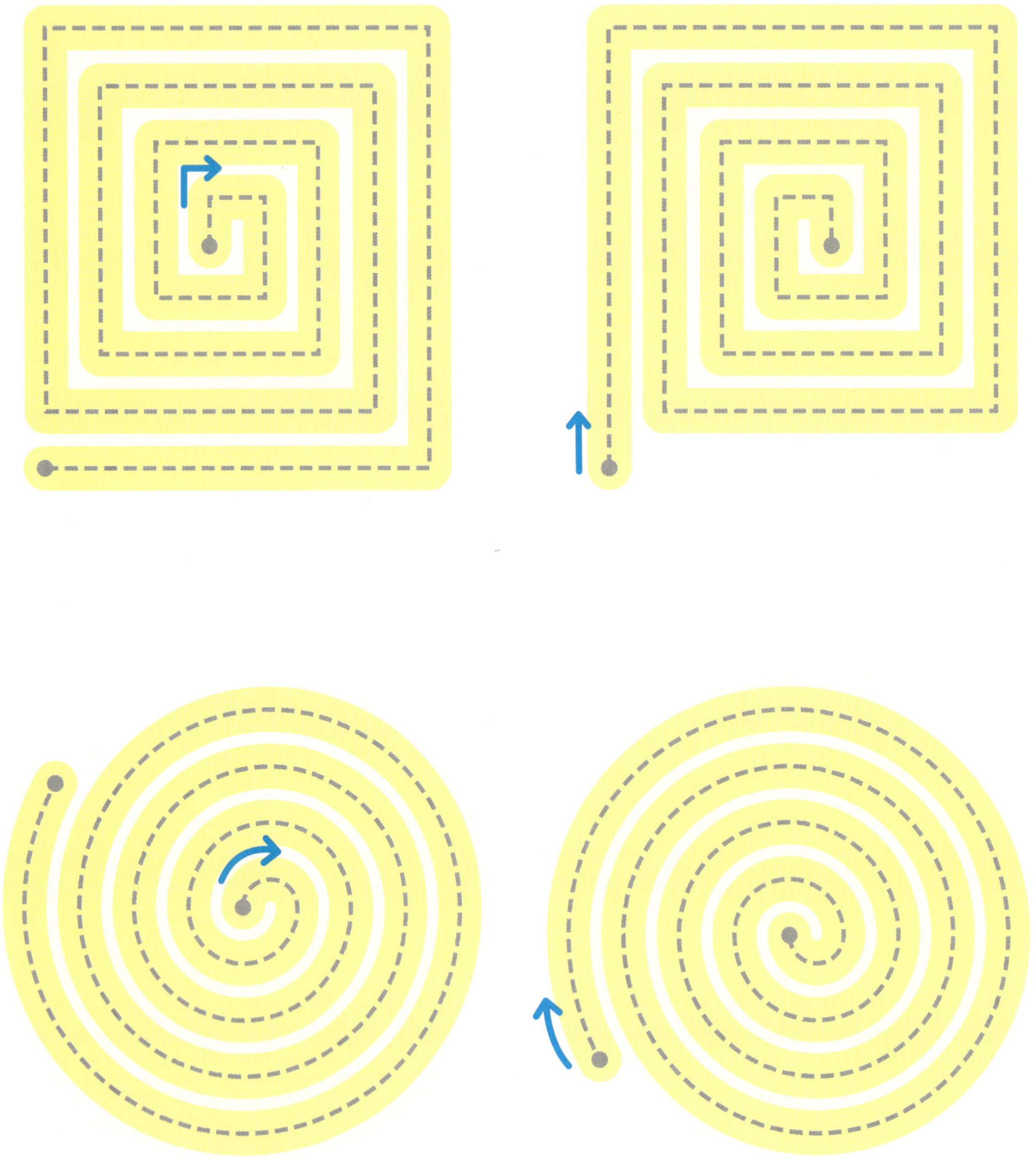

かぞえる

かく

なかまわけ

5や10になるかず

あわせていくつ

ひいていくつ

さんこう

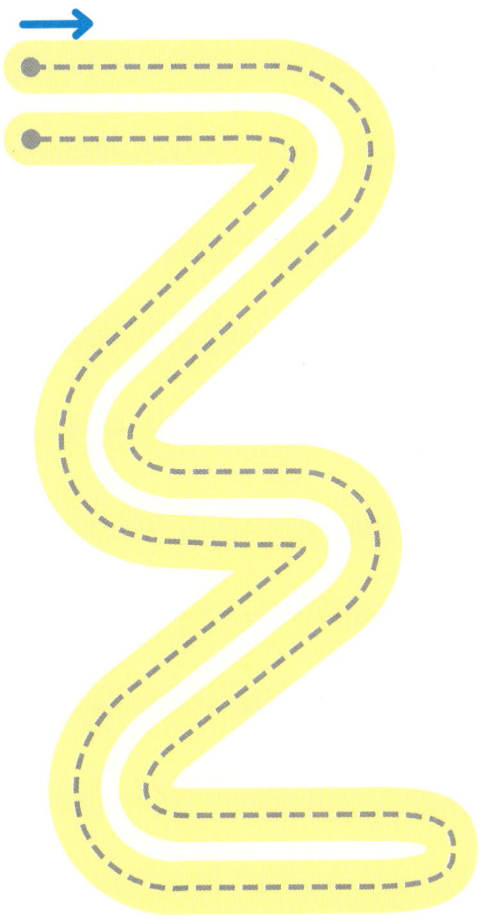

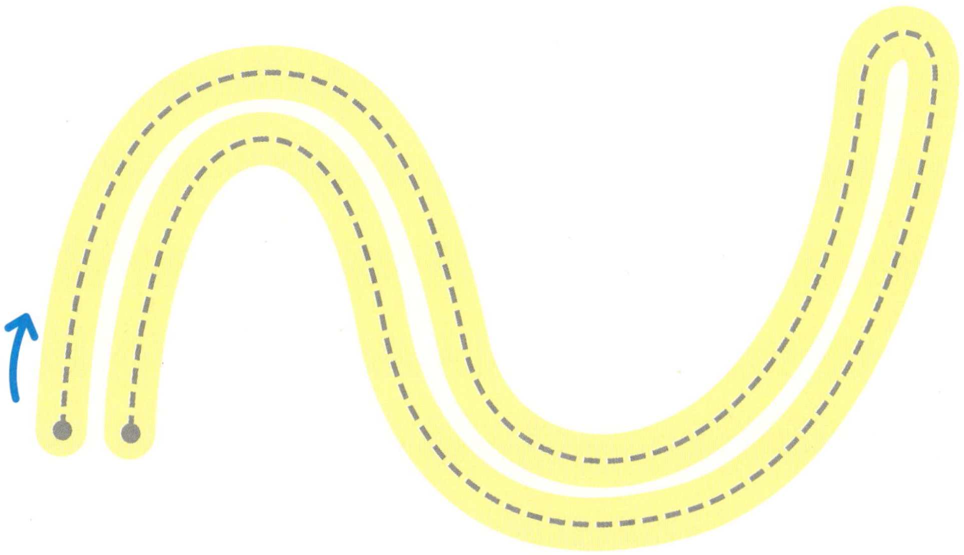

せんを ちいさく かく

おうちの かたへ

- ４Ｂぐらいの こい えんぴつを ごようい ください。
- えんぴつの もちかたに ちゅういして あげて ください。

てんせんを やじるしの むきに なぞって みましょう。

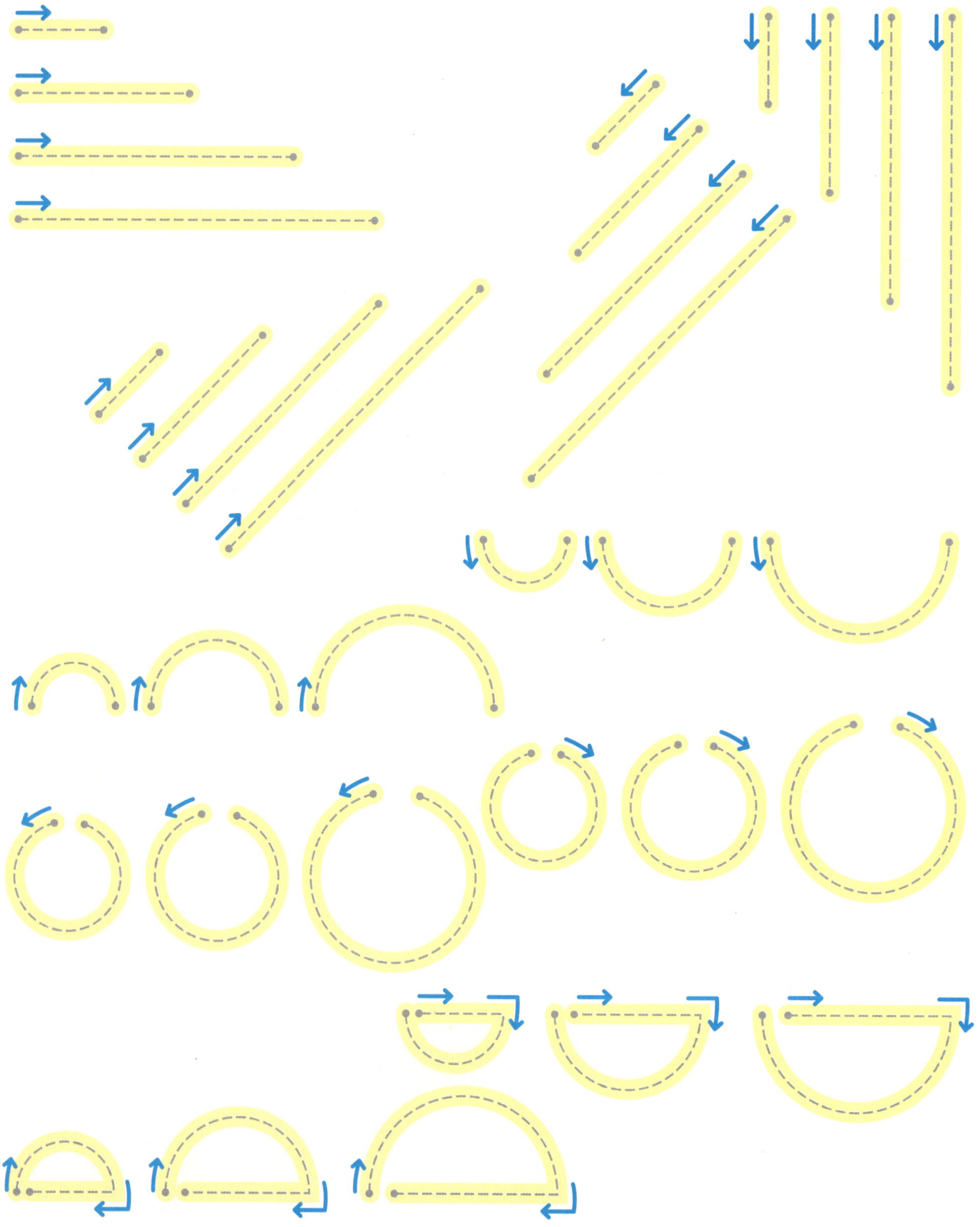

せんを ちいさく かく

れいだい①

おうちの かたへ

できる かぎり ゆびさきだけを うごかして
かくように して あげて ください。

1 てんせんを やじるしの むきに
なぞって みましょう。

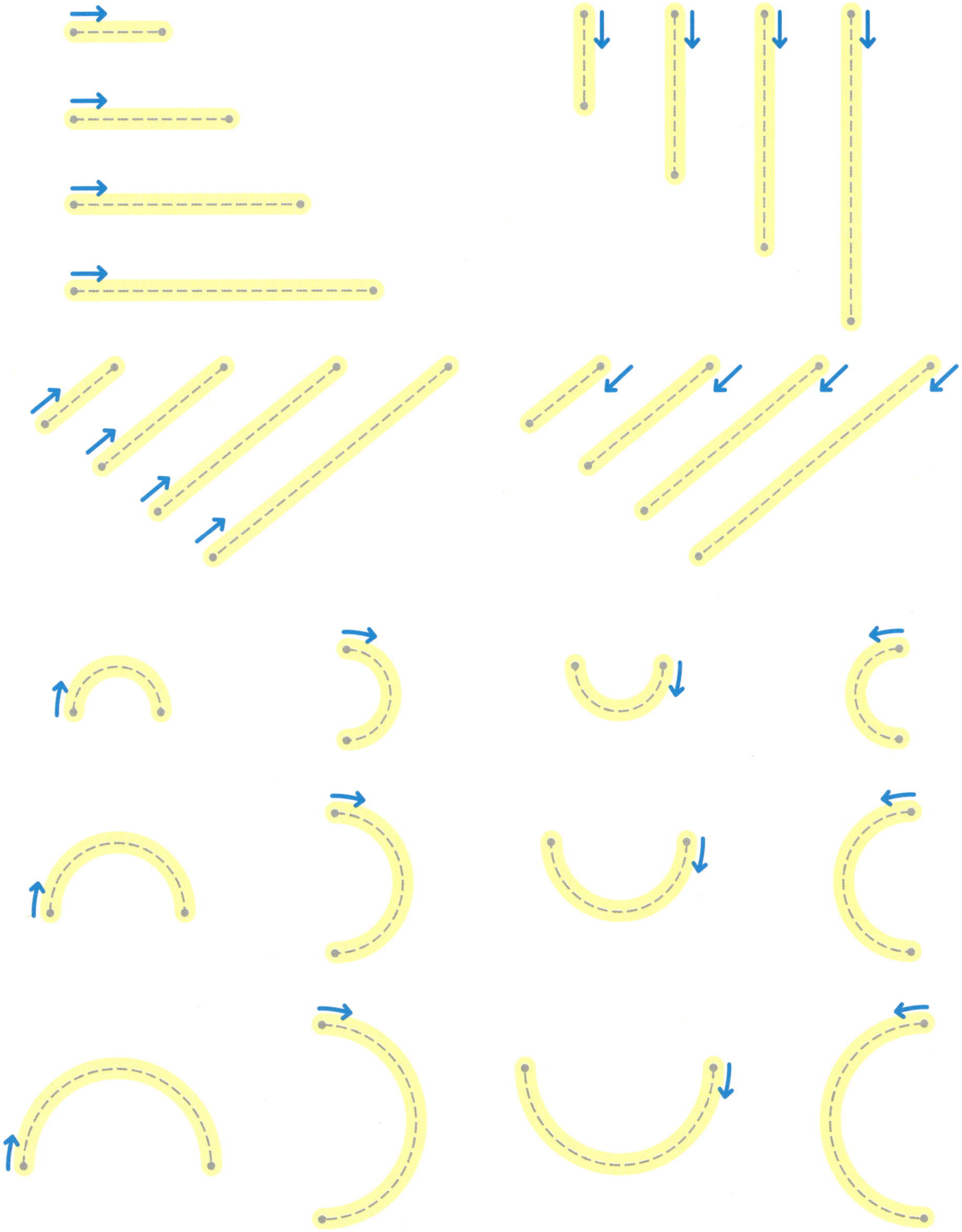

せんを ちいさく かく

れいだい②

おうちの かたへ

おれて いる ところは いちど とめて まがって いる ところは とめないで かくように して ください。

2 てんせんを やじるしの むきに なぞって みましょう。

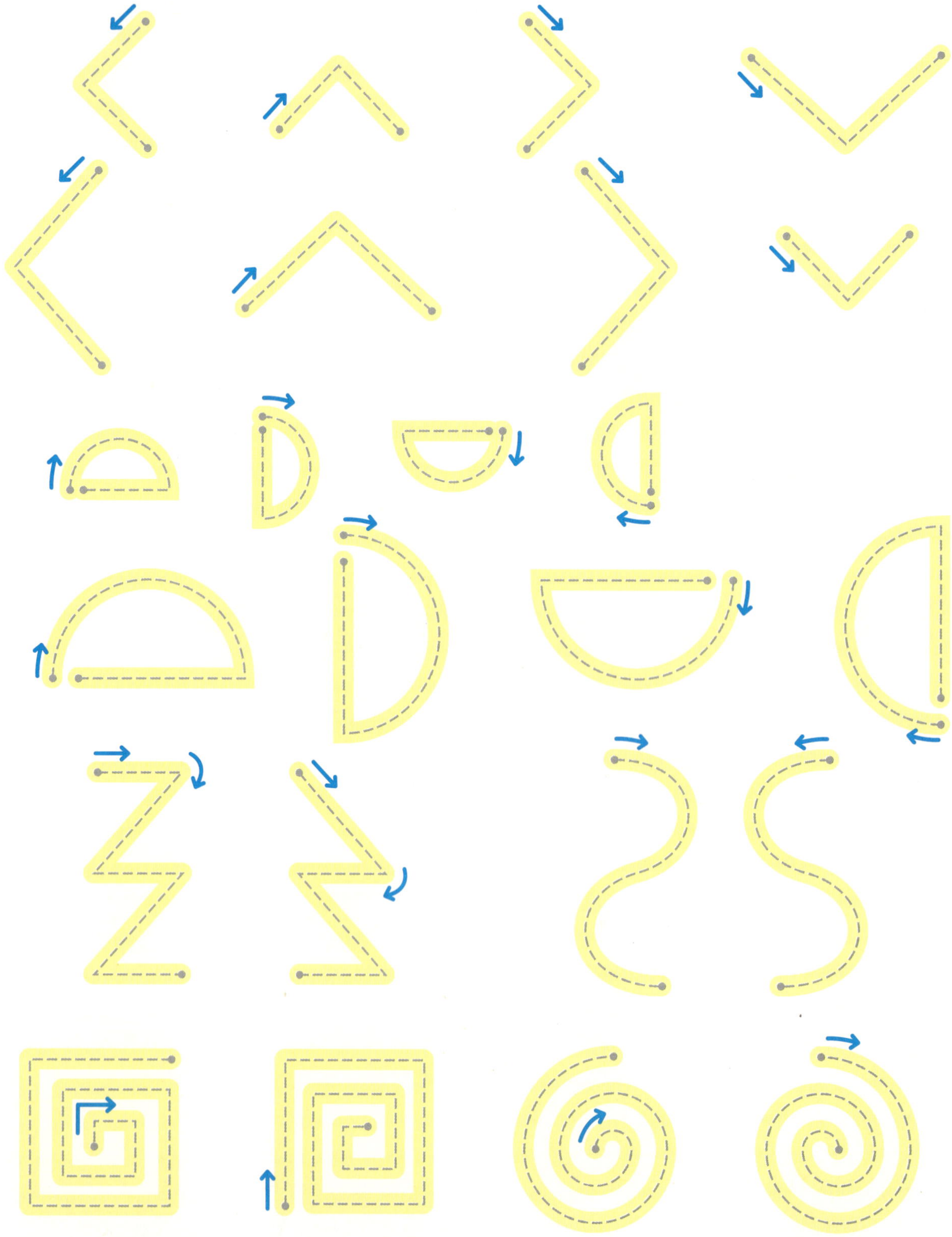

せんを ちいさく かく

れんしゅう

おうちの かたへ

もじや すうじを かく ための きそれんしゅうです。ていねいに ちゅうしんの てんせんを なぞりましょう。

1 てんせんを やじるしの むきに なぞって みましょう。

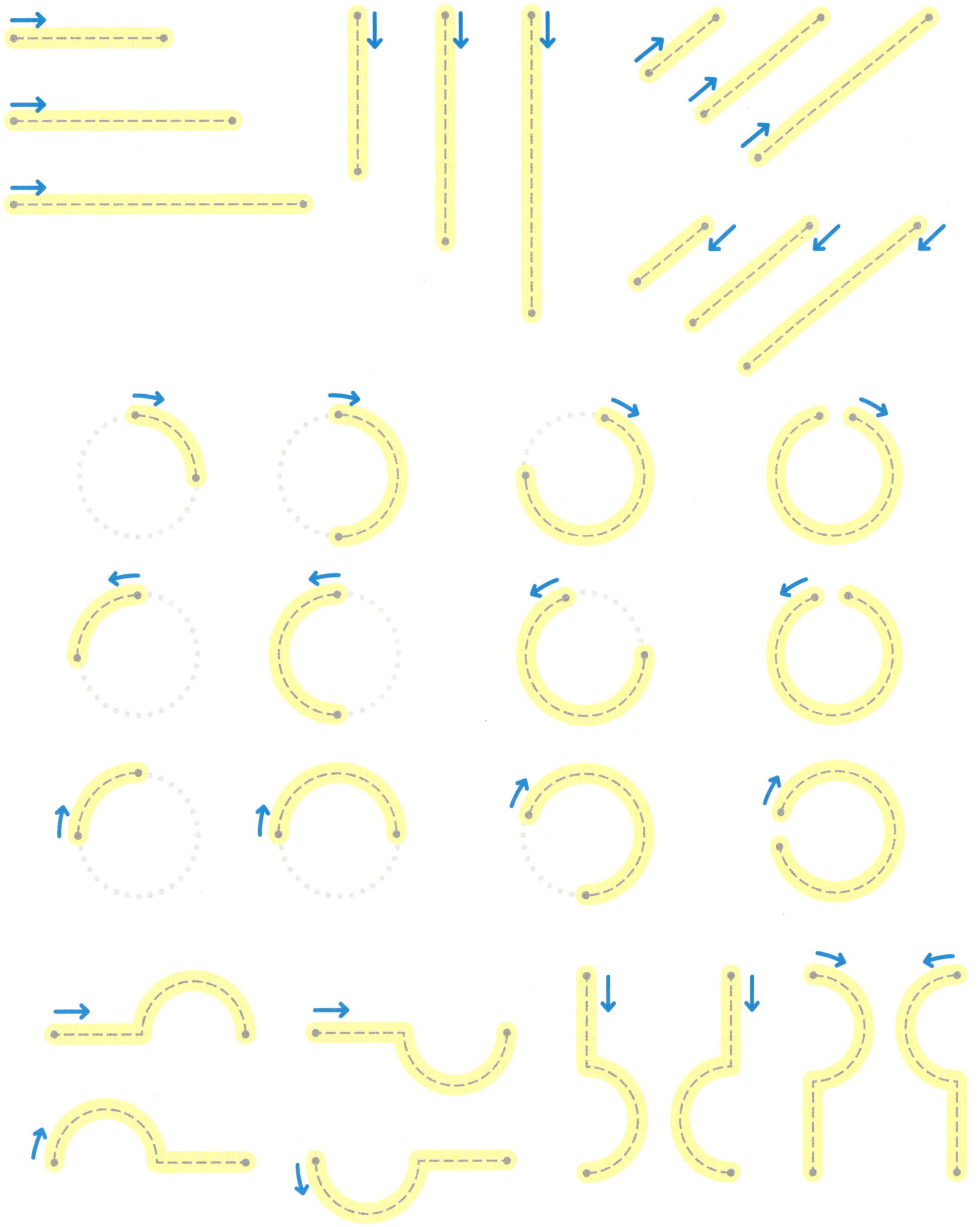

2 てんせんを やじるしの むきに
なぞって みましょう。

かぞえる

かく

なかまわけ

5や10になるかず

あわせていくつ

ひいていくつ

さんこう

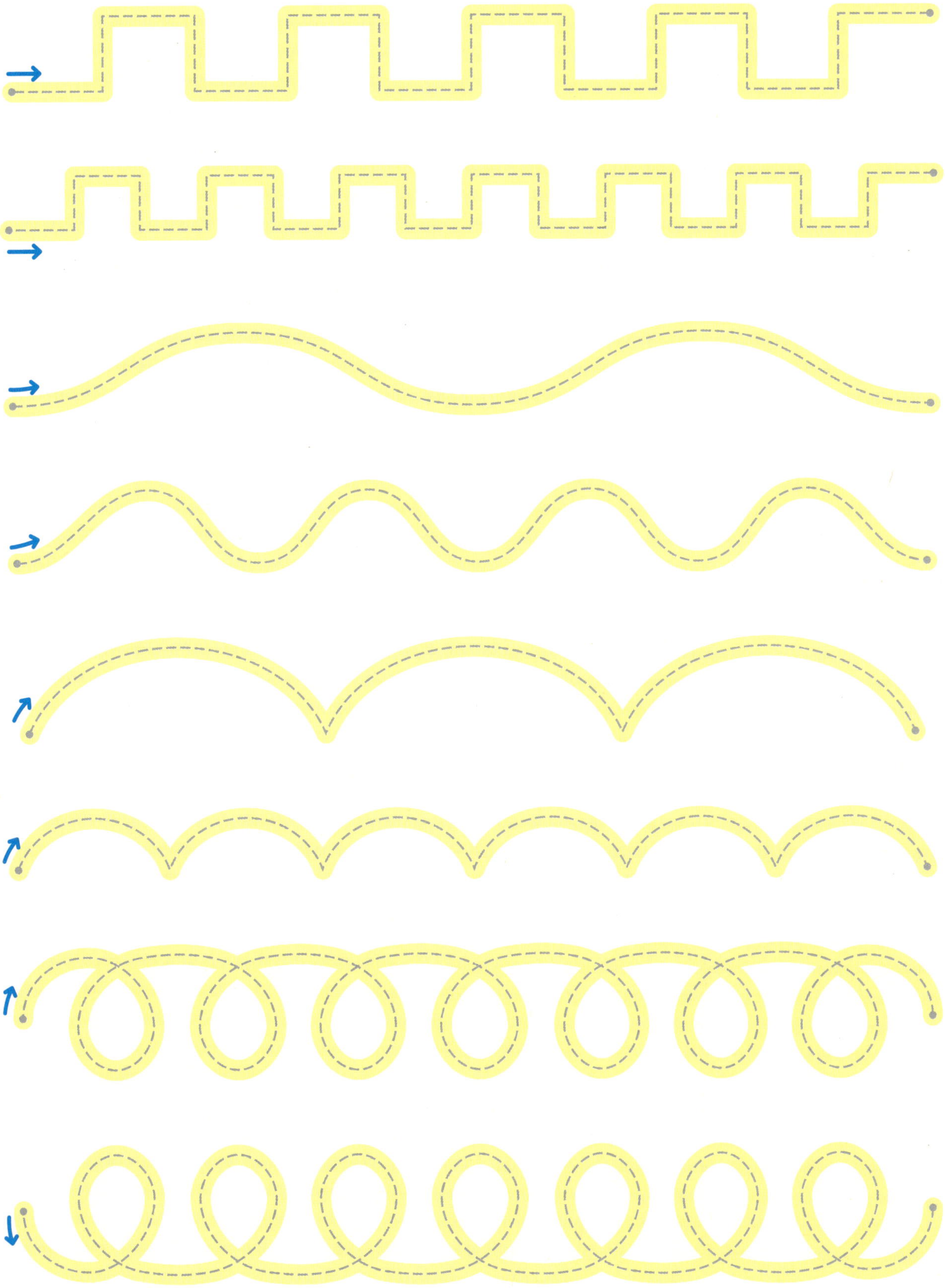

すうじを おおきく かく

おうちの ひとと いっしょに

おうちの かたへ

- えんぴつの もちかたに ちゅういして あげて ください。
- かきはじめの ばしょや かく むきに ちゅういして あげて ください。

やじるしの むきに なぞって、
すうじを かいて みましょう。

みぎまわりに
かかないようにしましょう

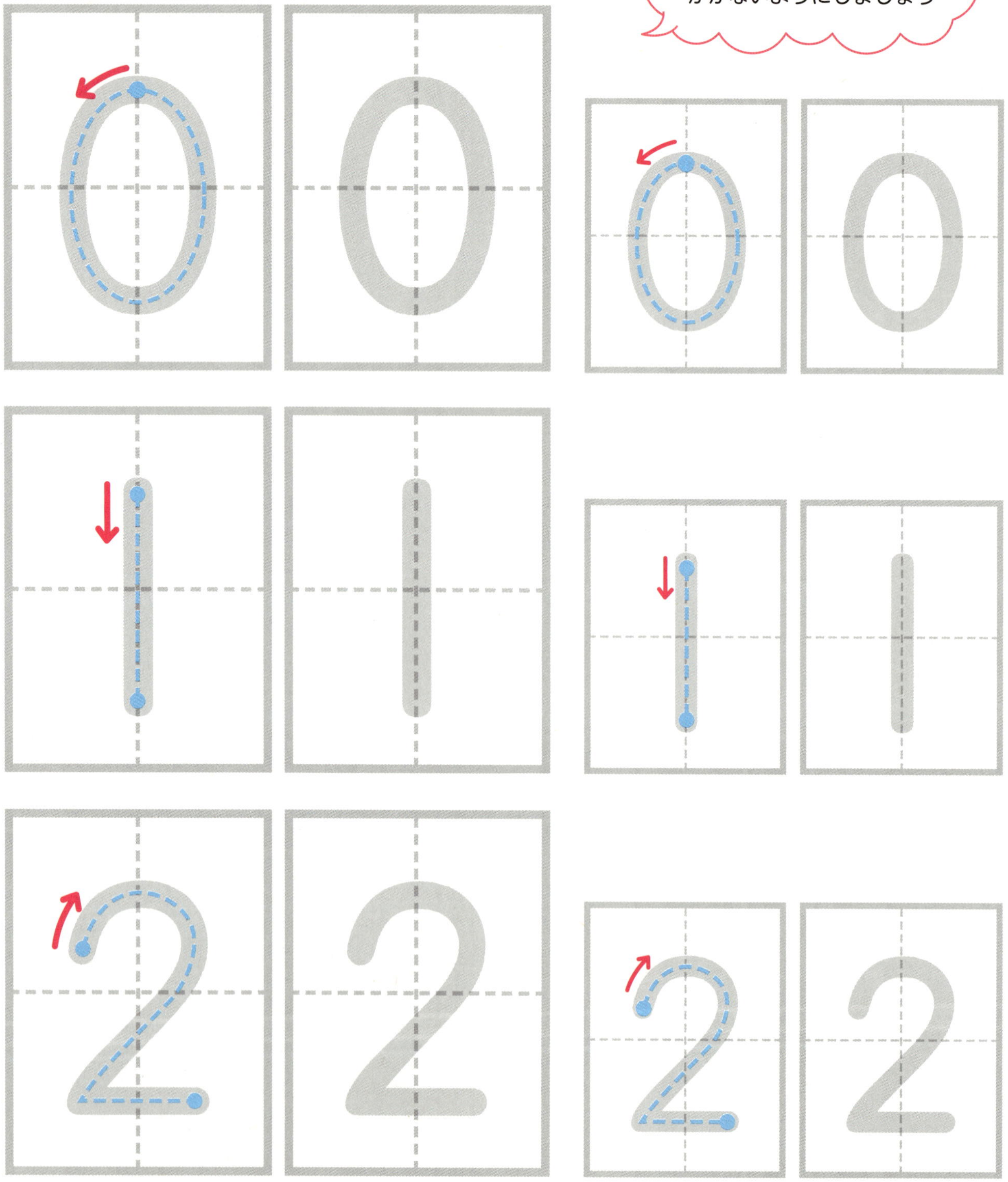

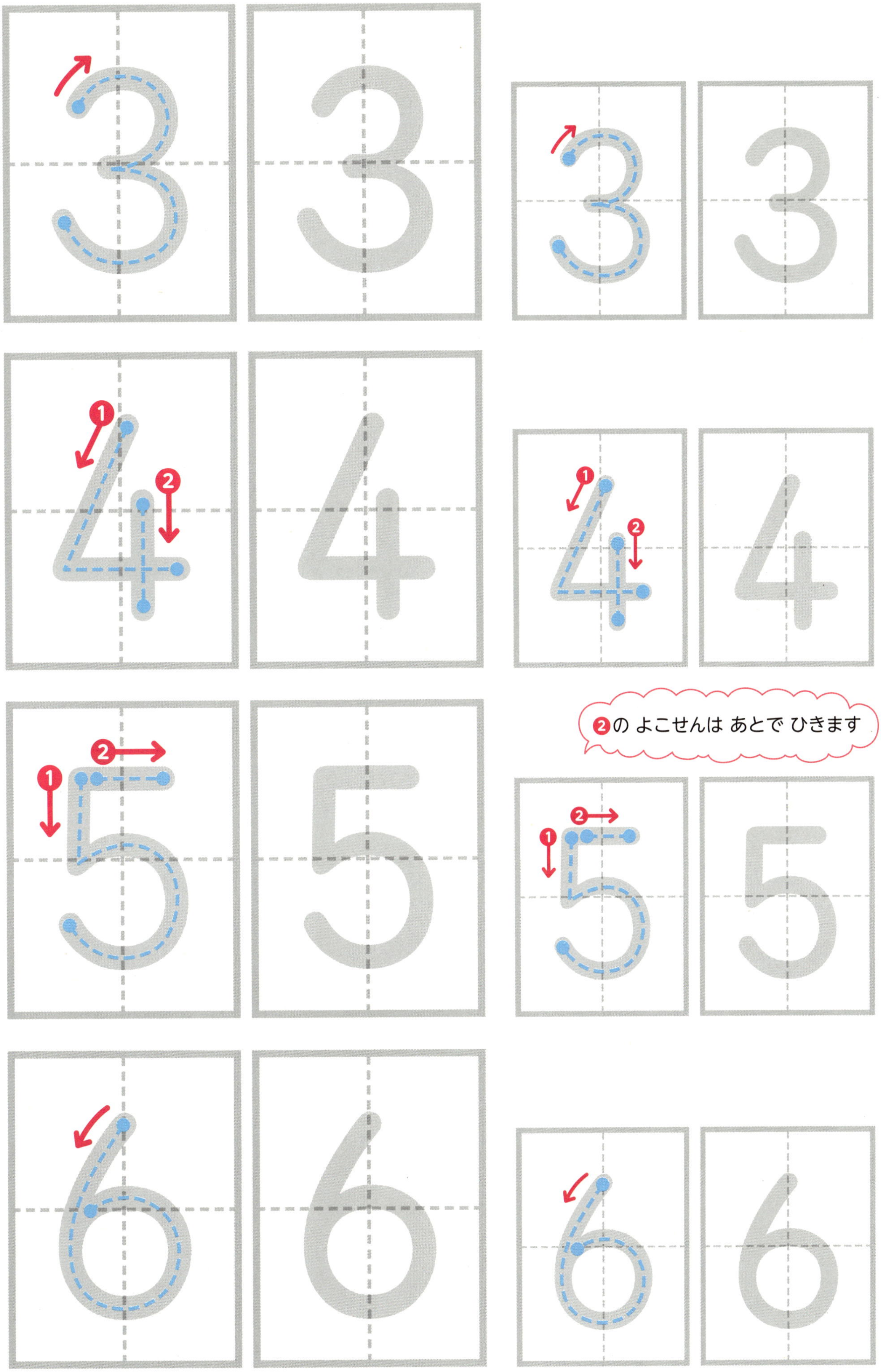
②の よこせんは あとで ひきます

❶の たてせんから
かきはじめましょう

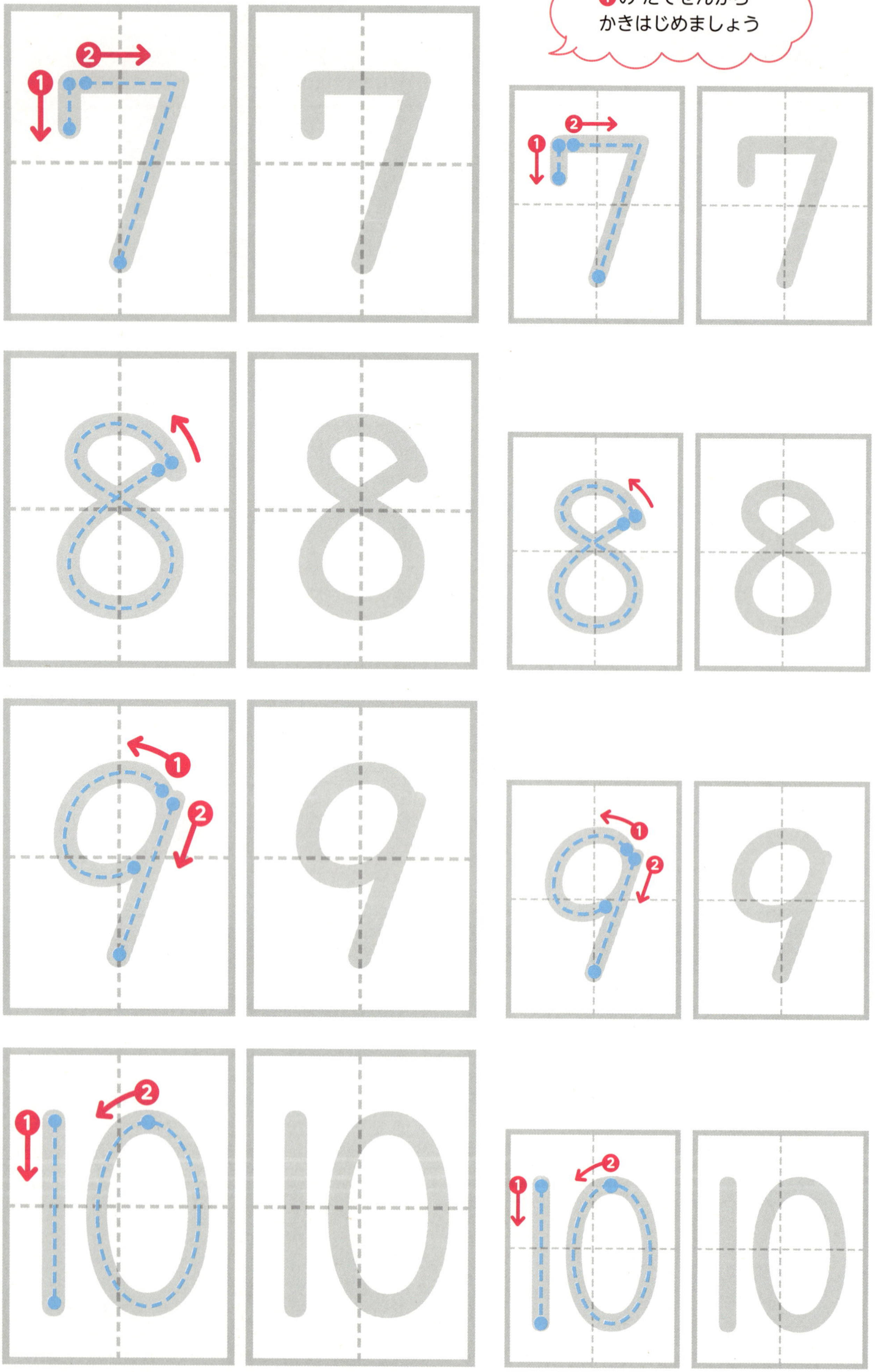

すうじを おおきく かく

れいだい

おうちの かたへ

しょうがくせいの なかで すうじの かきじゅんが おかしな こが たくさん います。かきじゅんを しっかり みて あげて ください。

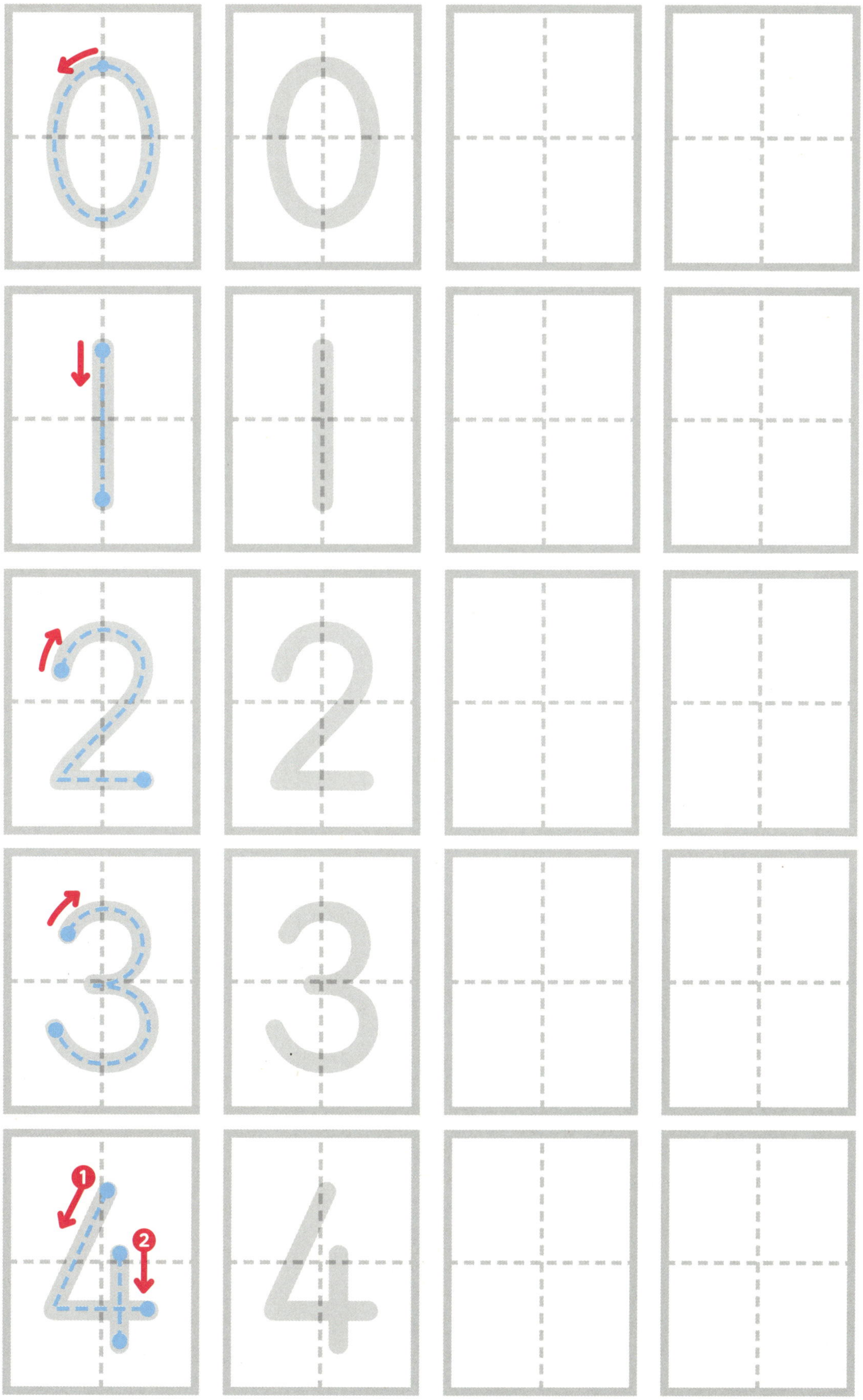

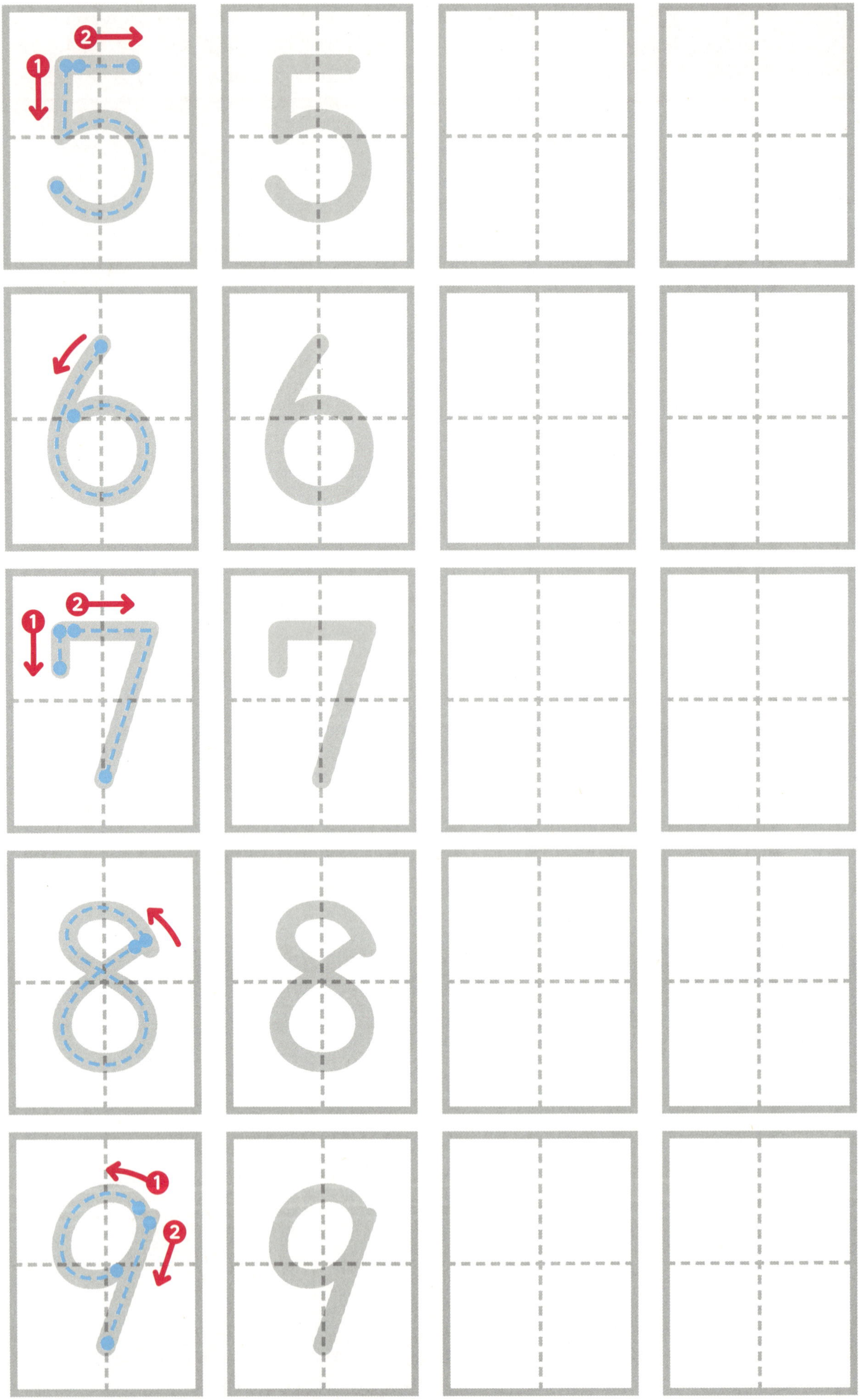
5 5
6 6
7 7
8 8
9 9

①②
10 10

0 1 2 3
4 5 6 7
8 9 10

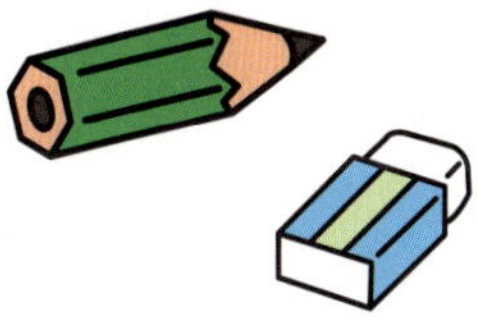

0 1 2 3 4 5
6 7 8 9 10

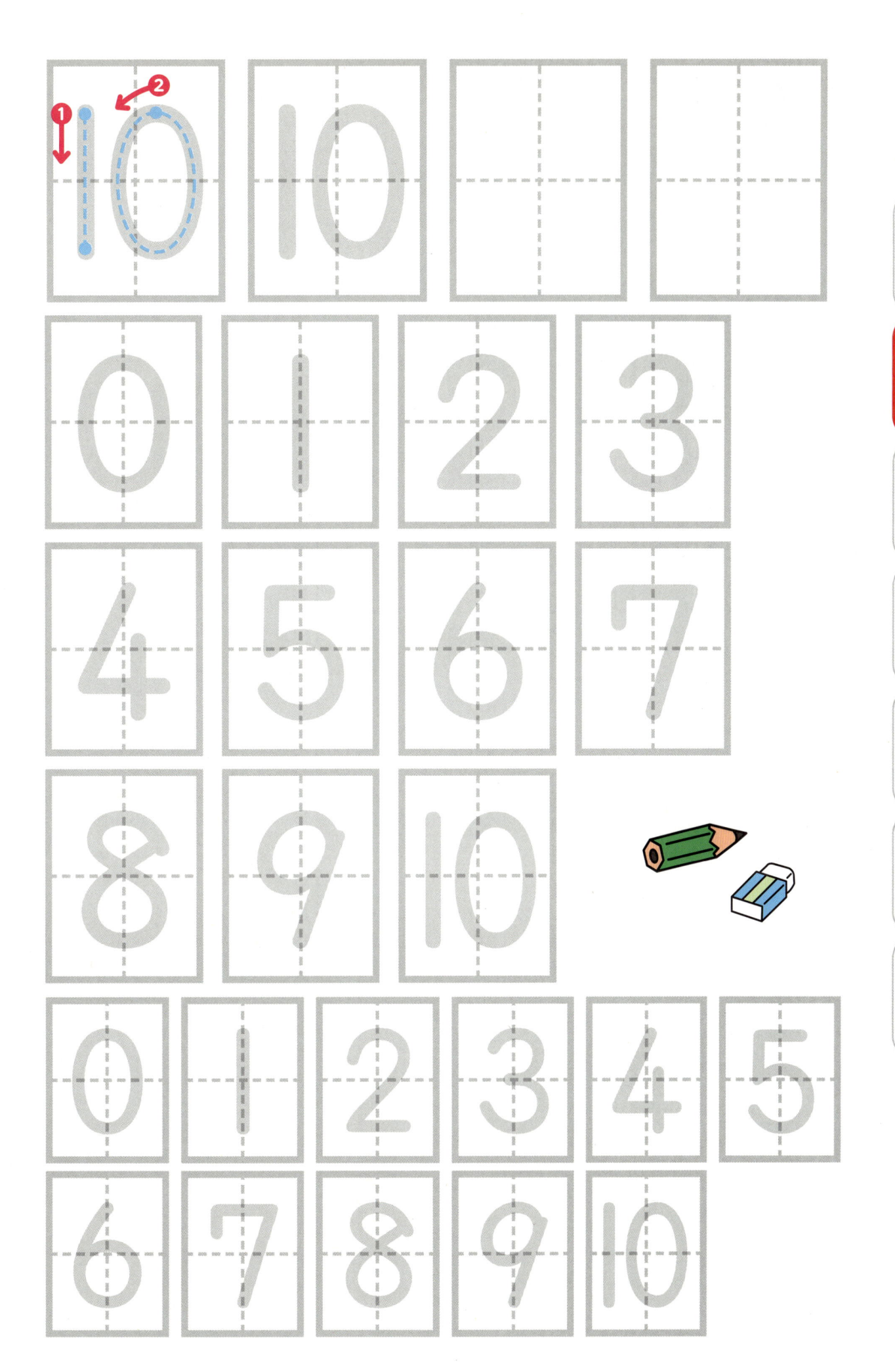

すうじを おおきく かく

れんしゅう

おうちの かたへ

1 は かきじゅんが たいせつです。 2 は ひだりの みほんと おなじ おおきさで おなじ ばしょに かくように して ください。

1 やじるしの むきに なぞって すうじを かいて みましょう。

2 まるの かずを すうじで かきましょう。

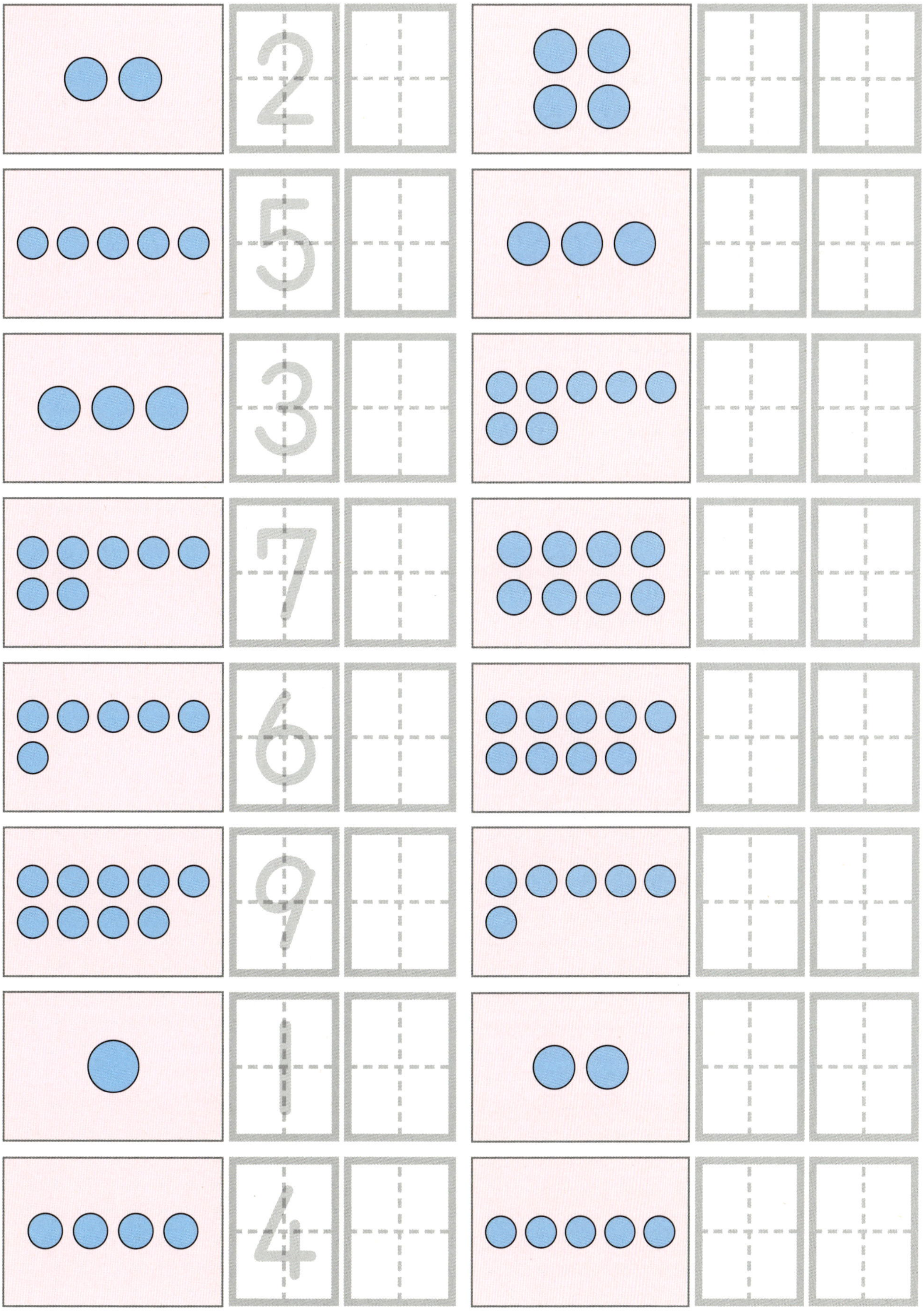

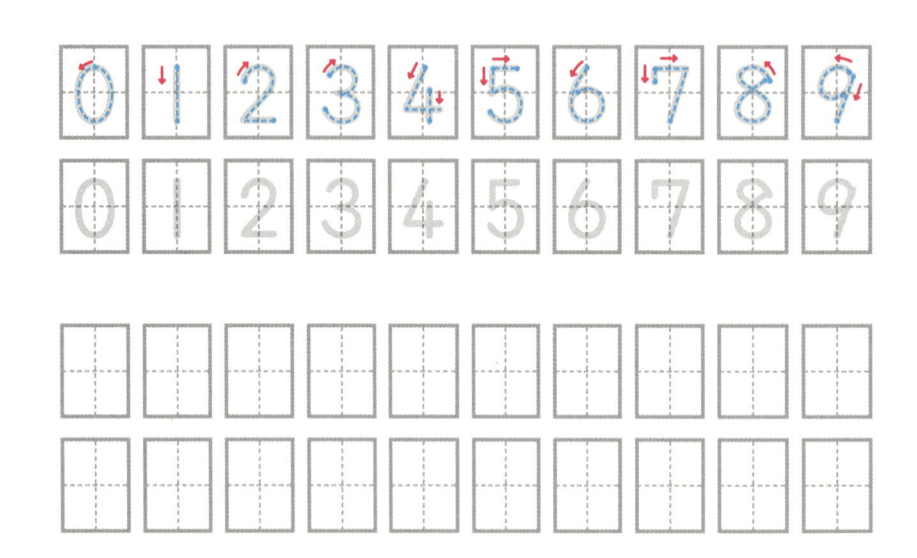

すうじを ちいさく かく

おうちの かたへ

ノート《のうと》にかく おおきさの れんしゅうです。
- えんぴつの もちかたに ちゅういして あげて ください。
- かきはじめの ばしょや かく むきに ちゅういして あげて ください。

やじるしの むきに なぞって、すうじを かいて みましょう。

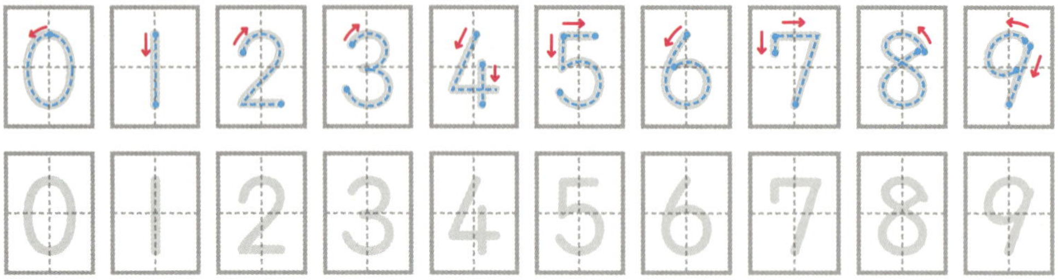

うえの すうじを かきうつして みましょう。

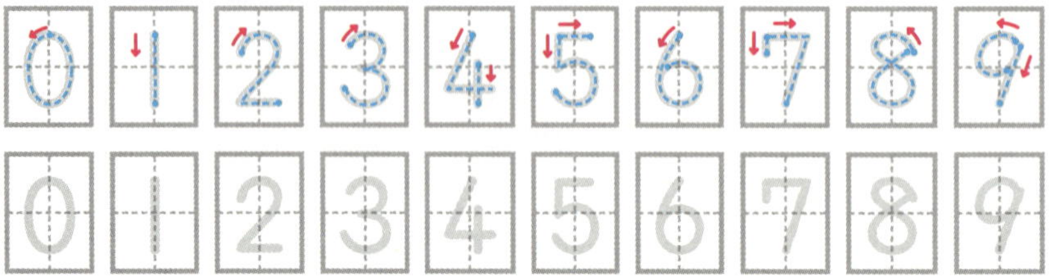

すうじを ちいさく かく

れいだい

おうちの かたへ

1 2 は すうじの おおきさを そろえて かく れんしゅうです。□の まんなかに かく ように しましょう。

1 すうじを なぞって みましょう。

0 1 2 3 4 5 6 7 8 9

うえの すうじを かきうつして みましょう。

2 すうじを なぞって みましょう。

0 1 2 3 4 5 6 7 8 9

うえの すうじを かきうつして みましょう。

3 まるの かずを すうじで かきましょう。

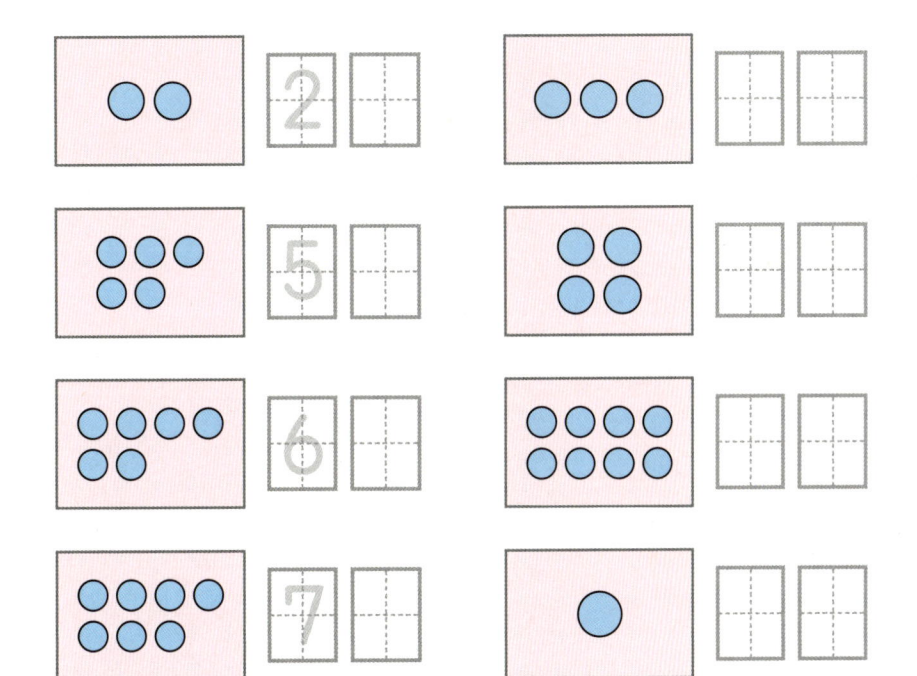

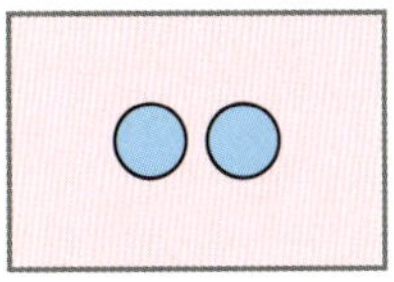
2

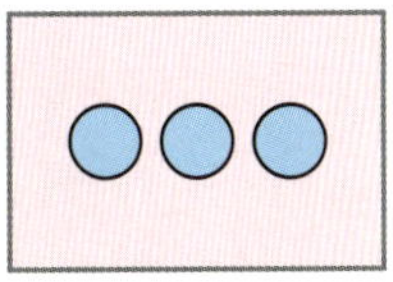

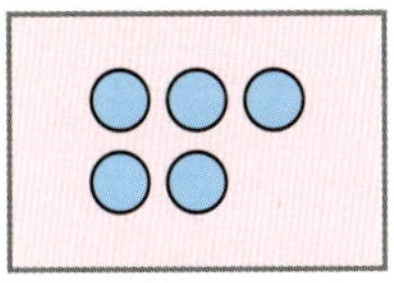
5

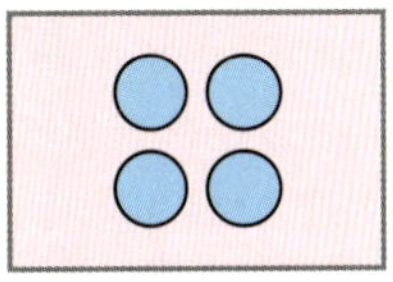

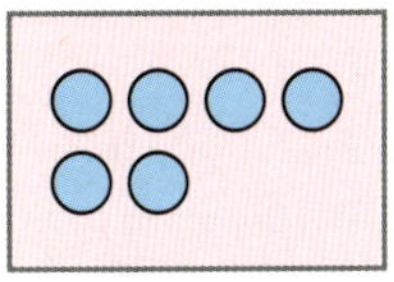
6

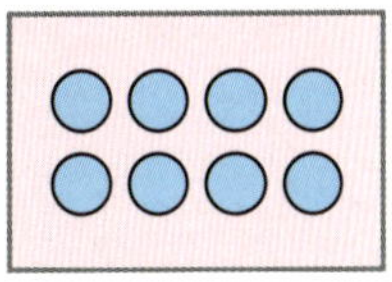

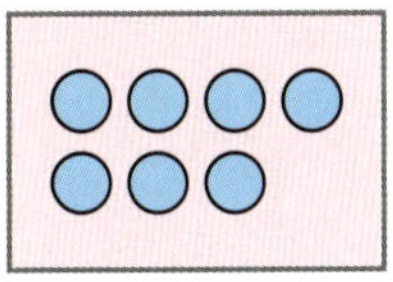
7

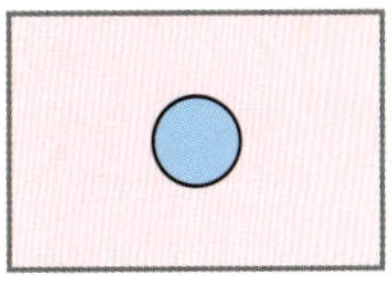

すうじを ちいさく かく

れんしゅう

おうちの かたへ

すこしずつ かきなれて きた ことでしょう。「じょうずに なって きたね」と ほめて あげましょう。

1 すうじを なぞって みましょう。

0 1 2 3 4 5 6 7 8 9

うえの すうじを かきうつして みましょう。

2 すうじを なぞって みましょう。

0 1 2 3 4 5 6 7 8 9

うえの すうじを かきうつして みましょう。

3 ほしの かずを すうじで かきましょう。

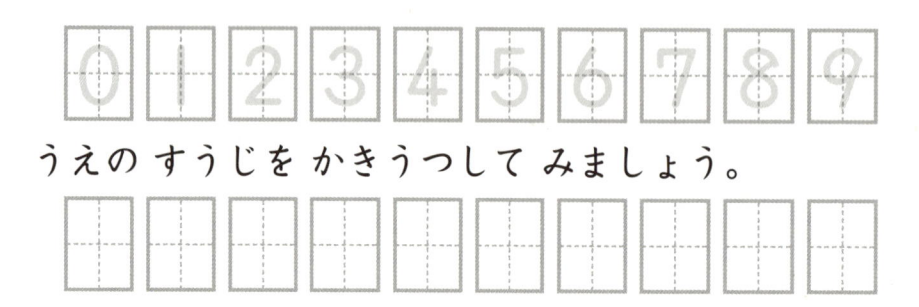

4 まるの かずを すうじで かきましょう。

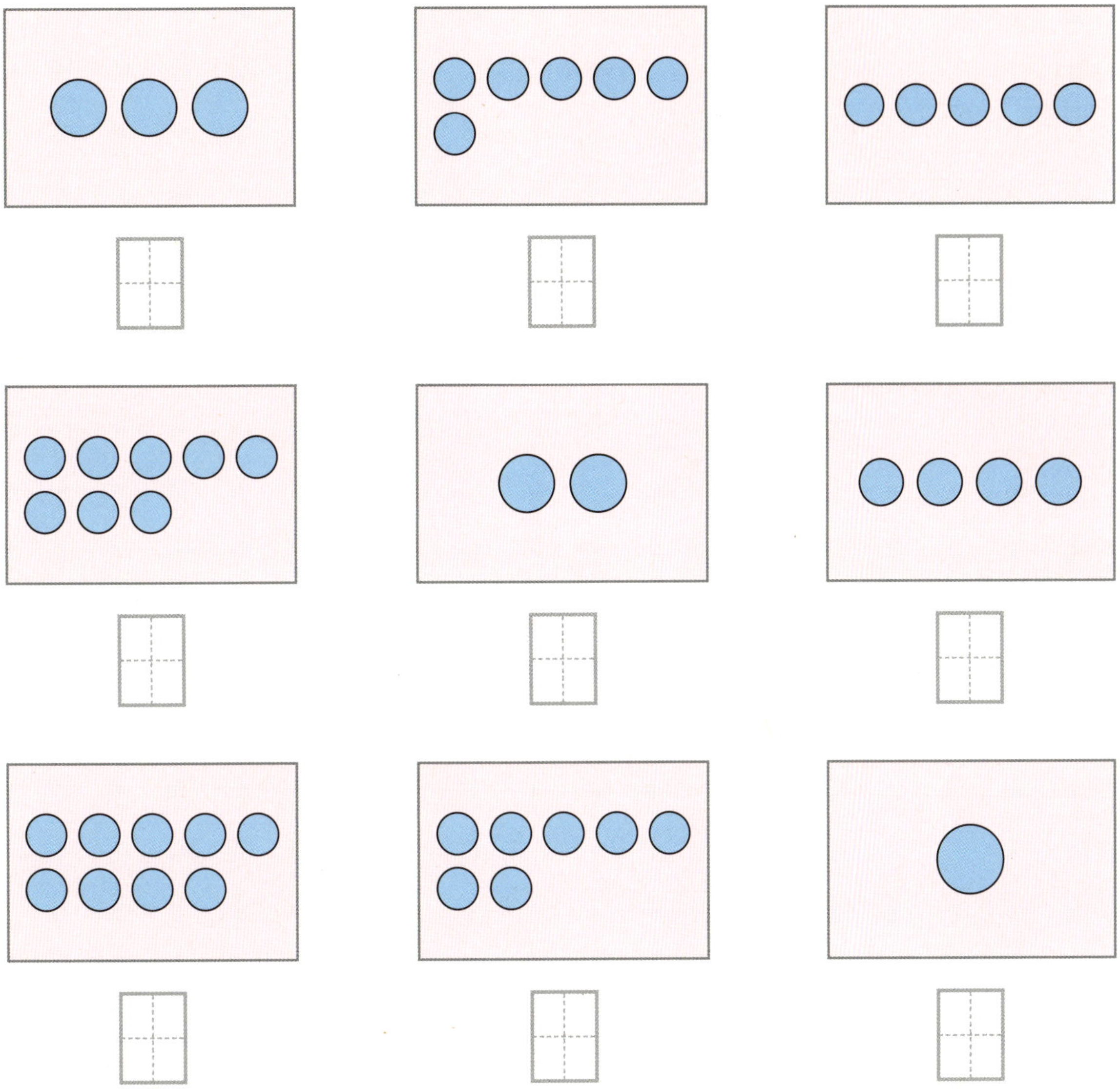

よい みほん

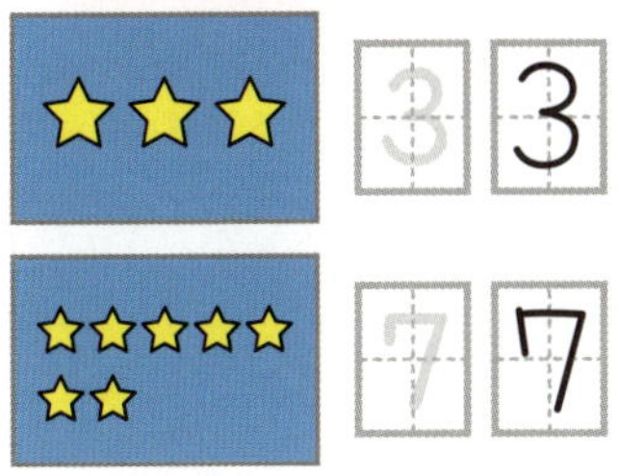

わるい みほん

わるい みほんのように すうじが かたよって いたり ななめに なって いたり する ときは、えんぴつの もちかたや うでの いちや むきに ちゅういして ください。

なかまわけ

いろいろな種類のものを同じ仲間に分ける「カテゴリー分け」は、今後の学習の大切な要素です。

この単元では、同じ仲間に分け、その数を調べる作業を通じて、正確に調べる方法を学んでいきます。

数字を書きながら、チェックをしながら、指でおさえながら仲間分けをしていくことで、目で追うだけで正確に分けることができるようになります。

早く結論を出したがるせっかちな子どもの場合は、特に１つ１つ順を追ってやるようにアドバイスをお願いします。

かぞえる
かく
なかまわけ
5や10になるかず
あわせていくつ
ひいていくつ
さんこう

なかまに わけよう（2しゅるい）

おうちの かたへ

1〜3は、えの したの（　）や□に かずを かきながら なかまわけを して ください。

1 えの したの（　）や□に かずを かいて なかまの かずを しらべて みましょう。

 くるまは ぜんぶで いくつ？（　　）つ

 どうぶつは ぜんぶで いくつ？□つ

2 えの したの（　）や□に かずを かいて なかまの かずを しらべて みましょう。

 はなは ぜんぶで いくつ？（　　）つ

 むしは ぜんぶで いくつ？□つ

3 なかまの かずを （　） に かいて しらべて みましょう。

 くだものは ぜんぶで いくつ？（　　）つ

 くるまは ぜんぶで いくつ？（　　）つ

4 なかまの かずを こえに だして かぞえて みましょう。

 はなは ぜんぶで いくつ？（　　）つ

 むしは ぜんぶで いくつ？（　　）つ

なかまに わけよう（2しゅるい）

れいだい

おうちの かたへ

❸❹は ゆびで おさえながら かぞえる れんしゅうです。ひだりから じゅんに かぞえましょう。

1

えの したの（ ）や□に かずを かいて
なかまの かずを しらべて みましょう。

（ 1 ）（ 2 ）（ 3 ）（ 4 ）（ 5 ）

| 1 | 2 | 3 | 4 | 5 | 6 | 7 |

 はなは ぜんぶで いくつ？（　　）つ

 くだものは ぜんぶで いくつ？□つ

2

えの したの（ ）に かずを かいて
なかまの かずを しらべて みましょう。

 むしは ぜんぶで いくつ？（　　）つ

 さかなは ぜんぶで いくつ？（　　）つ

3 こえに だして なかまの かずを かぞえて みましょう。

 くるまは ぜんぶで いくつ？（　　）つ

 くだものは ぜんぶで いくつ？（　　）つ

4 こえに だして なかまの かずを かぞえて みましょう。

 さかなは ぜんぶで いくつ？（　　）つ

 やさいは ぜんぶで いくつ？（　　）つ

なかまに わけよう（2しゅるい）

れんしゅう

おうちの かたへ

3は ●も ■も おおきさが いろいろ あります。4は ○も △も くろい ものと しろい ものが あります。とまどって いるようでしたら アドバイスを おねがいします。

1 なかまの かずを しらべて みましょう。

 むしは ぜんぶで いくつ？（　　）つ

 はなは ぜんぶで いくつ？（　　）つ

2 なかまの かずを しらべて みましょう。

 くだものは ぜんぶで いくつ？（　　）つ

 どうぶつは ぜんぶで いくつ？（　　）つ

3 なかまの かずを しらべて みましょう。

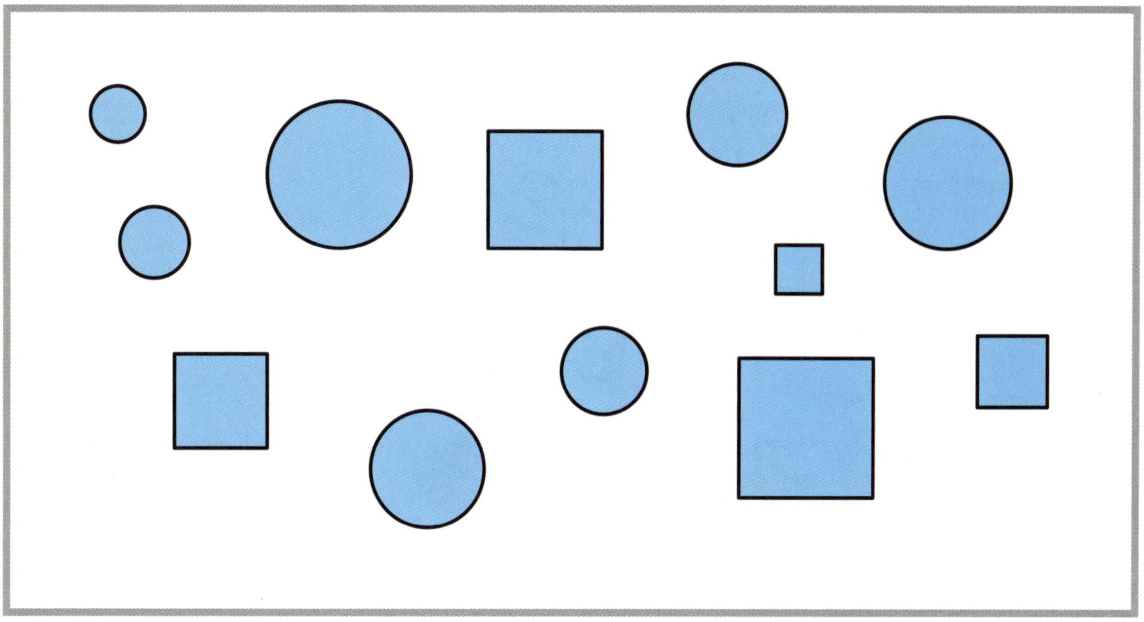

 まるは
ぜんぶで いくつ？（　　）つ

 しかくは
ぜんぶで いくつ？（　　）つ

4 なかまの かずを しらべて みましょう。

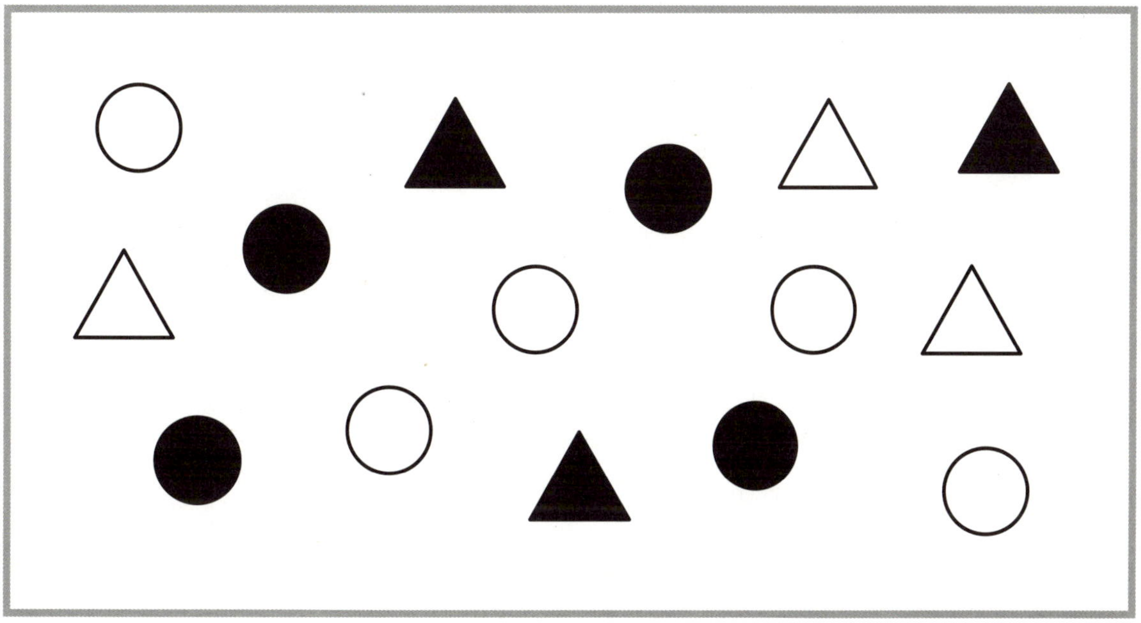

まるは
ぜんぶで いくつ？（　　）つ

さんかくは
ぜんぶで いくつ？（　　）つ

なかまに わけよう（3しゅるい）

おうちの かたへ

3しゅるいは こどもに とって かなり やっかいな さぎょうです。あせらせずに ゆっくり ていねいに やらせて あげて ください。

1 えの したの（　）□〔　〕に かずを かいて なかまの かずを しらべて みましょう。

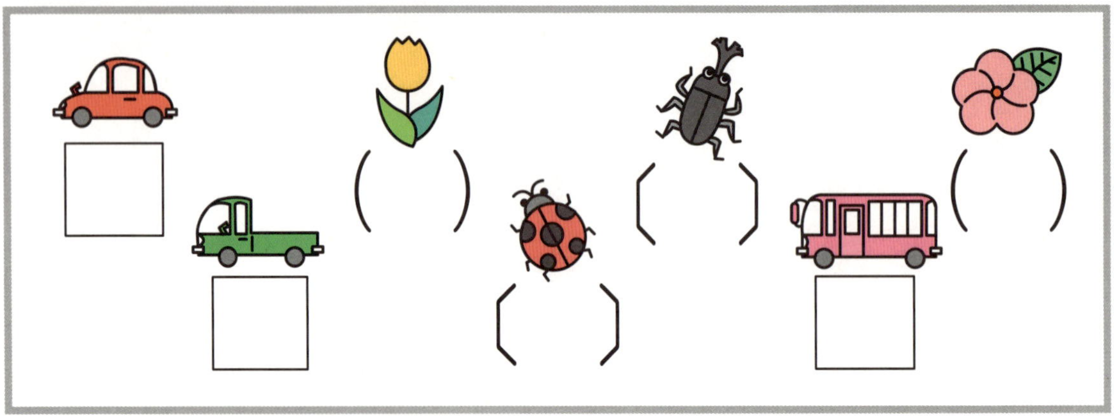

 はなは ぜんぶで いくつ？（　　）つ

 くるまは ぜんぶで いくつ？□つ

 むしは ぜんぶで いくつ？〔　〕つ

2 えの したの（　）□〔　〕に かずを かいて なかまの かずを しらべて みましょう。

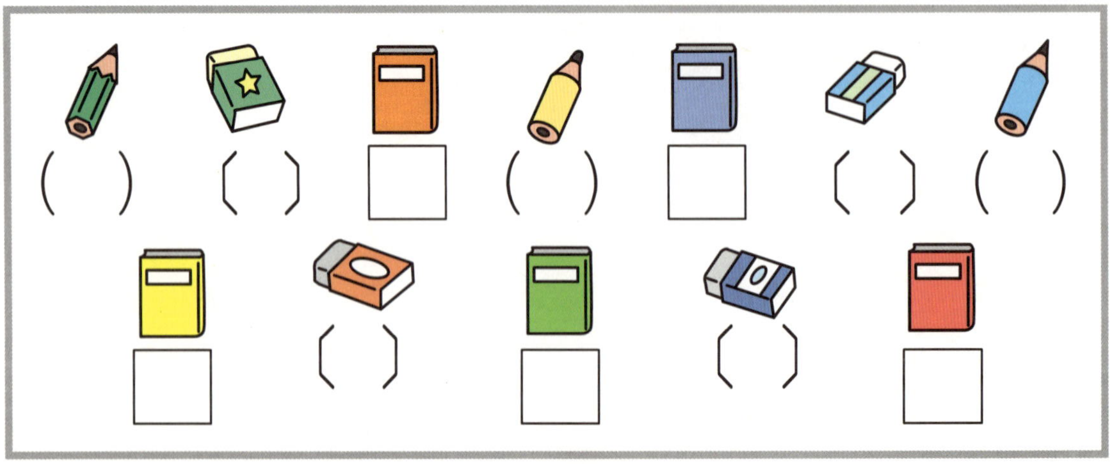

 えんぴつは ぜんぶで いくつ？（　　）つ

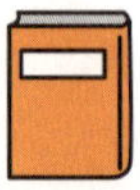 ほんは ぜんぶで いくつ？□つ

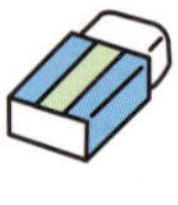 けしごむは ぜんぶで いくつ？〔　〕つ

3 えの したの（　）に かずを かいて、
なかまの かずを しらべて みましょう。

くだものは
ぜんぶで いくつ？（　　）つ

くるまは
ぜんぶで いくつ？（　　）つ

どうぶつは
ぜんぶで いくつ？（　　）つ

4 なかまの かずを ゆびで おさえながら
こえを だして かぞえて みましょう。

どうぶつは
ぜんぶで いくつ？（　　）つ

むしは
ぜんぶで いくつ？（　　）つ

はなは
ぜんぶで いくつ？（　　）つ

なかまに わけよう（3しゅるい）

れいだい

おうちの かたへ

③④には かずを かく ばしょが ありません。
✓を つけて かぞえる れんしゅうです。

1 えの したの（　）□〔　〕に かずを かいて、なかまの かずを しらべて みましょう。

はなは ぜんぶで いくつ？（　　）つ

さかなは ぜんぶで いくつ？□つ

くだものは ぜんぶで いくつ？〔　　〕つ

2 えの したの（　）に かずを かいて、なかまの かずを しらべて みましょう。

むしは ぜんぶで いくつ？（　　）つ

やさいは ぜんぶで いくつ？（　　）つ

どうぶつは ぜんぶで いくつ？（　　）つ

3 なかまの かずを ✓を つけながら こえに だして かぞえて みましょう。

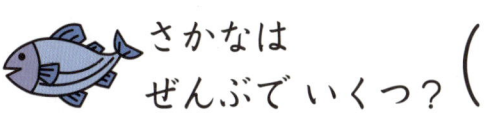

 さかなは ぜんぶで いくつ？（　　）つ

 やさいは ぜんぶで いくつ？（　　）つ

 むしは ぜんぶで いくつ？（　　）つ

4 なかまの かずを ✓を つけながら こえに だして かぞえて みましょう。

 どうぶつは ぜんぶで いくつ？（　　）つ

 くだものは ぜんぶで いくつ？（　　）つ

 はなは ぜんぶで いくつ？（　　）つ

なかまに わけよう（3しゅるい）

れんしゅう

おうちの かたへ

3 は だいしょう さまざまな ●■▲が あります。
4 は しろや くろの ○□△が あります。とまどって いるようでしたら ゆびで おさえながら かぞえるように アドバイスを おねがいします。

1 なかまの かずを しらべて みましょう。

はなは
ぜんぶで いくつ？（　　）つ

どうぶつは
ぜんぶで いくつ？（　　）つ

くだものは
ぜんぶで いくつ？（　　）つ

2 なかまの かずを しらべて みましょう。

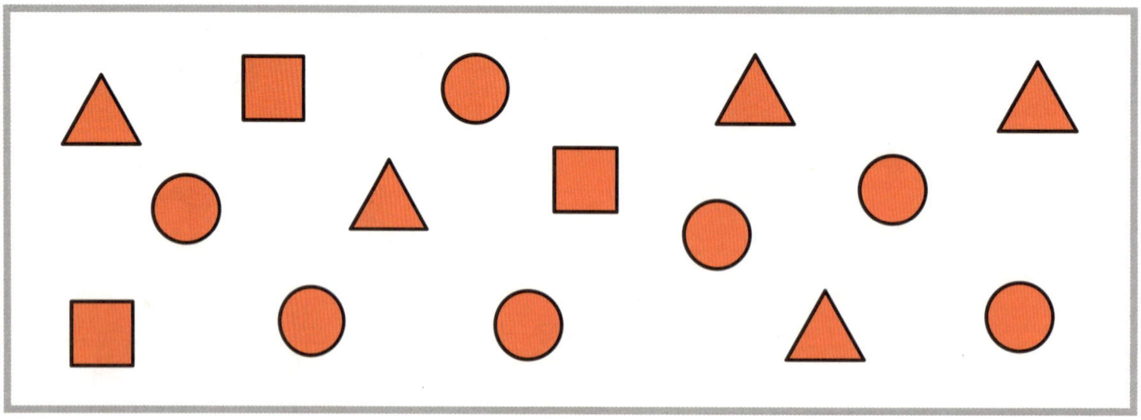

● まるは
ぜんぶで いくつ？（　　）つ

■ しかくは
ぜんぶで いくつ？（　　）つ

▲ さんかくは
ぜんぶで いくつ？（　　）つ

3 なかまの かずを しらべて みましょう。

 まるは
ぜんぶで いくつ？（　　）つ

 しかくは
ぜんぶで いくつ？（　　）つ

 さんかくは
ぜんぶで いくつ？（　　）つ

4 なかまの かずを しらべて みましょう。

まるは
ぜんぶで いくつ？（　　）つ

しかくは
ぜんぶで いくつ？（　　）つ

さんかくは
ぜんぶで いくつ？（　　）つ

5や10に なる かず

片手の指が5本、両手で10本。数を学び始めた子どもにとって、この5や10が一番なじみやすい数です。

5や10をひとまとまりでとらえて、いくつたりないかを瞬時に見つける力が、たし算やひき算に不可欠になります。

5や10のまとまりを身体感覚でとらえる練習ですから、くり返すことが大切です。同じような問題がくり返しあらわれますから、子どもが飽きないように、お母さんの笑顔のバックアップをお願いします。

あと いくつで 5や 10に なる？

おうちの かたへ
5や 10の かずの おおきさを かんじとる れんしゅうです。かずの ぶんだけ ○を ていねいに ぬって のこった ○を こえに だして かぞえさせて ください。

1 あと いくつで
5に なるでしょう。

① 3 ●●●○○（ 2 ）　② 1 ●○○○○（ 4 ）

③ 4 ●●●●○（　）　④ 2 ○○○○○（　）

2 あと いくつで 10に なるでしょう。

① 6 ●●●●● ●○○○○（ 4 ）　② 3 ●●●○○ ○○○○○（ 7 ）

③ 7 ●●●●● ●●○○○（　）　④ 5 ○○○○○ ○○○○○（　）

⑤ 8 ○○○○○ ○○○○○（　）　⑥ 4 ○○○○○ ○○○○○（　）

⑦ 6 ○○○○○ ○○○○○（　）　⑧ 2 ○○○○○ ○○○○○（　）

⑨ 9 ○○○○○ ○○○○○（　）

3 あと いくつで 5に なるでしょう。

① 2 ○○○○○（ 3 ）　② 1 ○○○○○（　　）

③ 4 ○○○○○（　　）　④ 3 ○○○○○（　　）

4 あと いくつで 10に なるでしょう。

① 3 ○○○○○ ○○○○○（　　）　② 7 ○○○○○ ○○○○○（　　）

③ 5 ○○○○○ ○○○○○（　　）　④ 8 ○○○○○ ○○○○○（　　）

⑤ 6 ○○○○○ ○○○○○（　　）　⑥ 2 ○○○○○ ○○○○○（　　）

⑦ 9 ○○○○○ ○○○○○（　　）　⑧ 4 ○○○○○ ○○○○○（　　）

⑨ 1 ○○○○○ ○○○○○（　　）

あと いくつで 5や 10に なる？

れいだい

おうちの かたへ

5か 10の ほすう（補数）に なれる れんしゅうです。かずの しくみを しる たいせつな いっぽです。

1 あと いくつで 5に なるでしょう。
（かずの ぶんだけ くろく ぬって みましょう）

① 4 ●●●●○（ 1 ）　② 1 ○○○○○（　）

③ 3 ○○○○○（　）　④ 2 ○○○○○（　）

2 あと いくつで 10に なるでしょう。
（かずの ぶんだけ くろく ぬって みましょう）

① 7 ●●●●● / ●●○○○（ 3 ）　② 5 ○○○○○ / ○○○○○（　）

③ 4 ○○○○○ / ○○○○○（　）　④ 8 ○○○○○ / ○○○○○（　）

⑤ 3 ○○○○○ / ○○○○○（　）　⑥ 1 ○○○○○ / ○○○○○（　）

⑦ 2 ○○○○○ / ○○○○○（　）　⑧ 6 ○○○○○ / ○○○○○（　）

⑨ 9 ○○○○○ / ○○○○○（　）

3 あと いくつで ５に なるでしょう。
(ゆびの えを みたり じぶんの ゆびを
おったり して かんがえて みましょうね)

① 3  (　　)

② 4  (　　)

③ 1  (　　)

④ 2  (　　)

4 あと いくつで １０に なるでしょう。
(ゆびの えを みたり じぶんの ゆびを
おったり して かんがえて みましょうね)

① 6 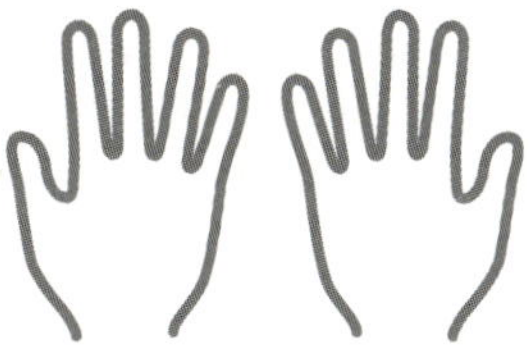 (　　)

② 5 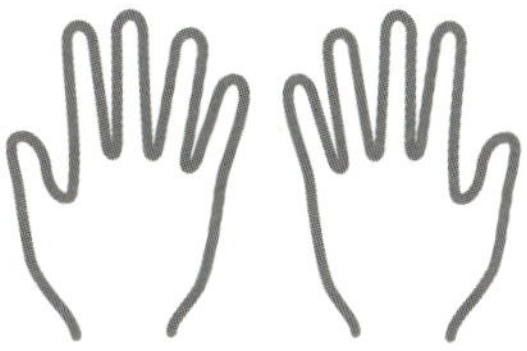 (　　)

③ 3 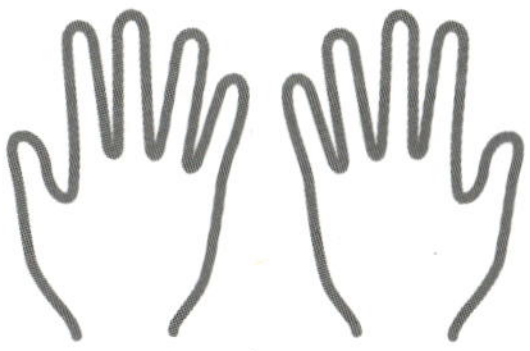 (　　)

④ 8 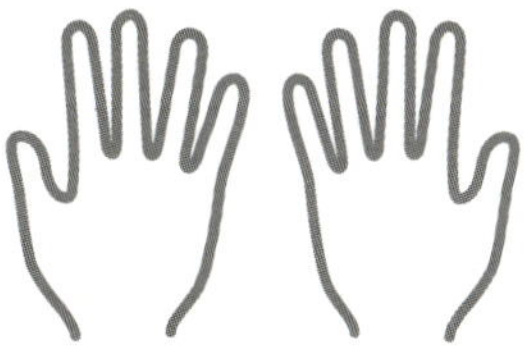 (　　)

⑤ 7 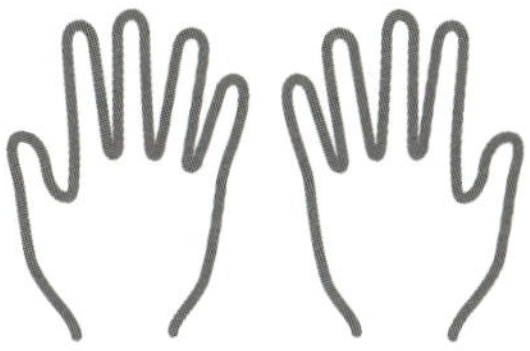 (　　)

⑥ 9 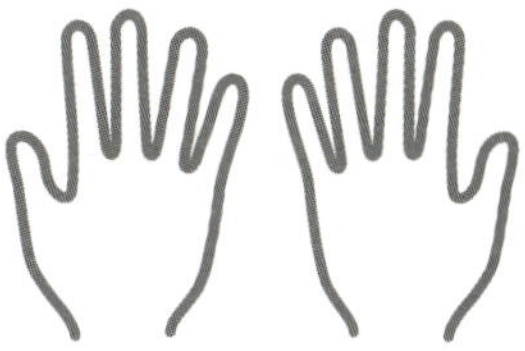 (　　)

⑦ 4 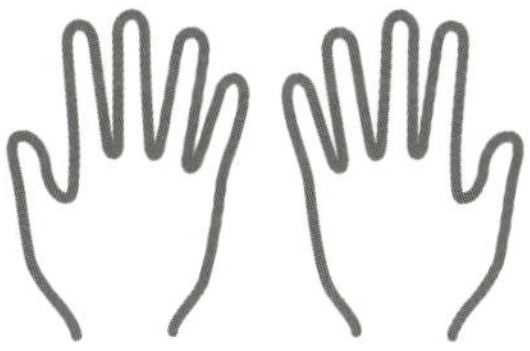 (　　)

⑧ 2 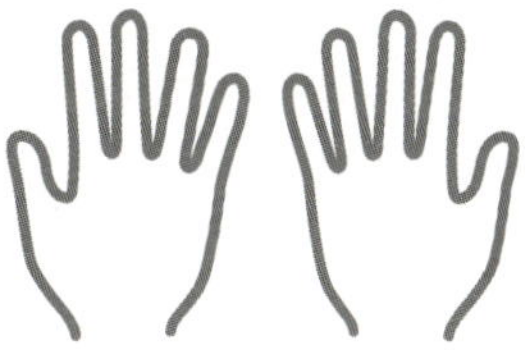 (　　)

⑨ 1 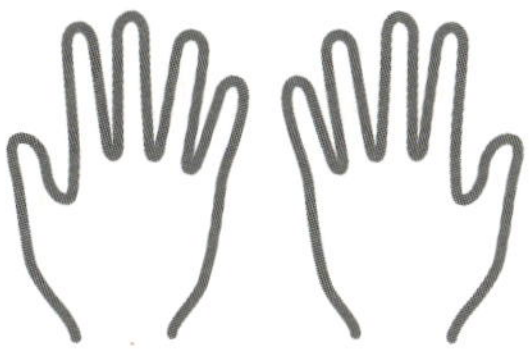 (　　)

あと いくつで 5や 10に なる？

れんしゅう

おうちの かたへ

5や 10の かずを かんじる れんしゅうです。○や ゆびを みるだけで こたえを だすように して ください。

1 あと いくつで 5に なるでしょう。
（まるを ぬらずに みるだけで
こたえて くださいね）

① 4 ●●●●○（ 1 ）　② 2 ○○○○○（　　）

③ 3 ○○○○○（　　）　④ 1 ○○○○○（　　）

2 あと いくつで 10に なるでしょう。
（まるを ぬらずに みるだけで
こたえて くださいね）

① 9 ●●●●●/●●●●○（ 1 ）　② 6 ○○○○○/○○○○○（　　）

③ 2 ○○○○○/○○○○○（　　）　④ 8 ○○○○○/○○○○○（　　）

⑤ 4 ○○○○○/○○○○○（　　）　⑥ 5 ○○○○○/○○○○○（　　）

⑦ 7 ○○○○○/○○○○○（　　）　⑧ 3 ○○○○○/○○○○○（　　）

⑨ 1 ○○○○○/○○○○○（　　）

3 あと いくつで 5に なる でしょう。
(ゆびの えを みたり じぶんの ゆびを
おったり して かんがえて みましょうね)

① 2  (　　)　　② 4  (　　)

③ 3  (　　)　　④ 1  (　　)

4 あと いくつで 10に なるでしょう。
(ゆびの えを みたり じぶんの ゆびを
おったり して かんがえて みましょうね)

① 1 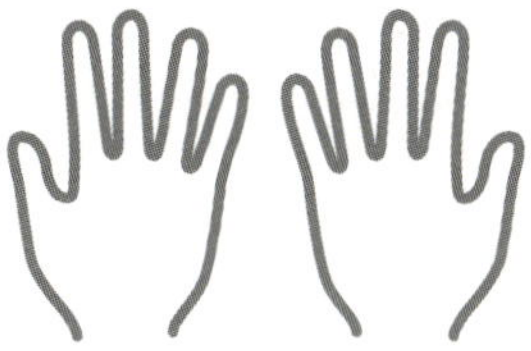 (　　)　　② 4 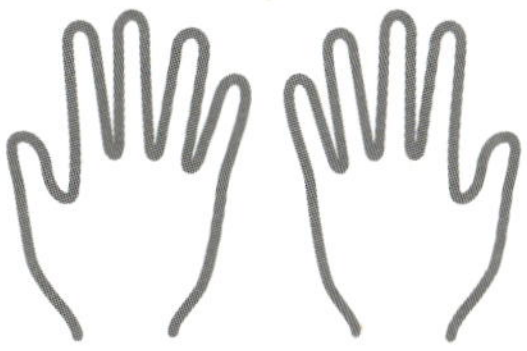 (　　)

③ 6 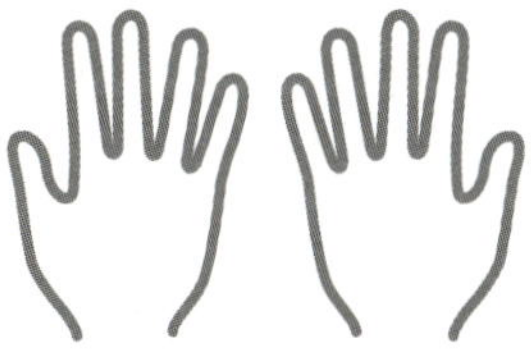 (　　)　　④ 7 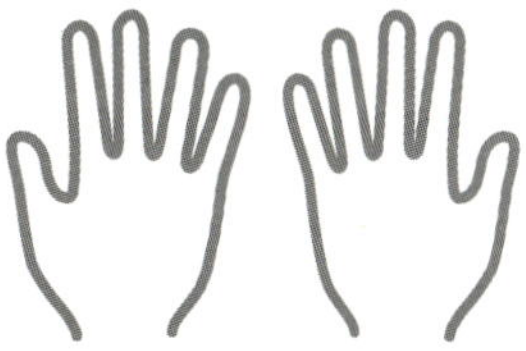 (　　)

⑤ 8 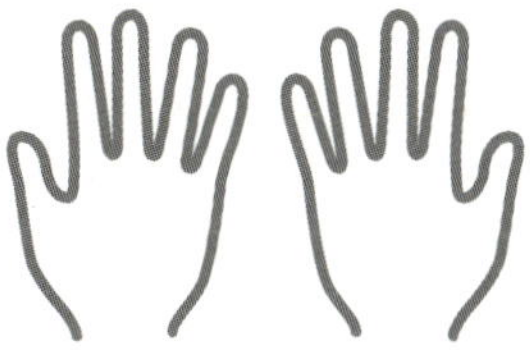 (　　)　　⑥ 2 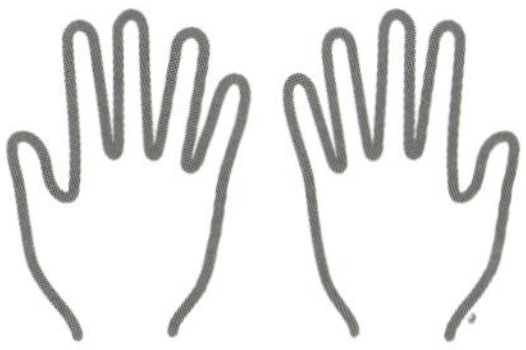 (　　)

⑦ 9 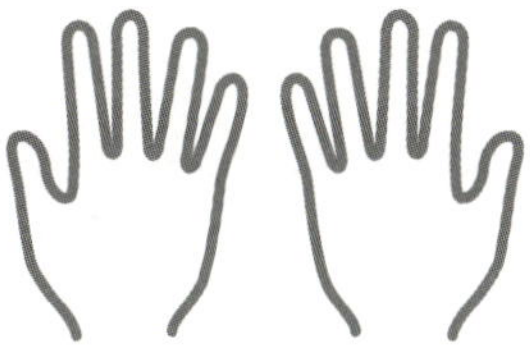 (　　)　　⑧ 5 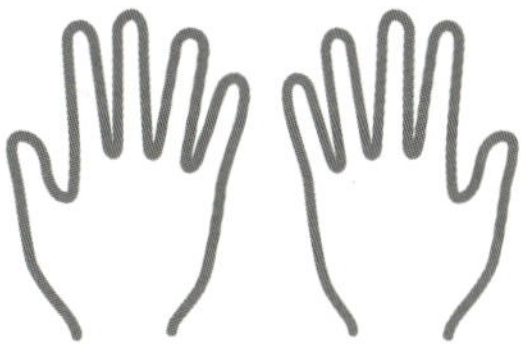 (　　)

⑨ 3 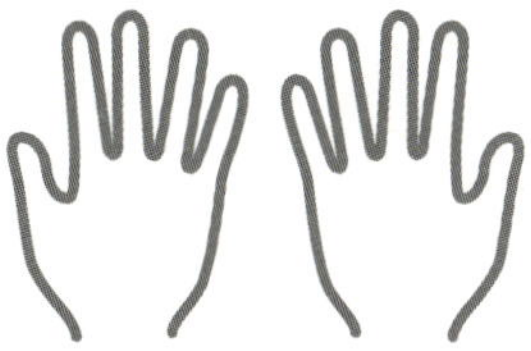 (　　)

5や 10を いくつ こえて いる

おうちの かたへ
こえて いる かずを くろく ぬらせて ください。

1 つぎの かずは 5を いくつ こえて いるでしょう。

① 7 (2)　② 9 (　　)

③ 6 (　　)　④ 8 (　　)

⑤ 10 (　　)

2 つぎの かずは 10を いくつ こえて いるでしょう。

① 12 (2)　② 16 (　　)

③ 14 (　　)　④ 19 (　　)

⑤ 13 (　　)　⑥ 18 (　　)

⑦ 15 (　　)　⑧ 17 (　　)

⑨ 11 (　　)

3 つぎの かずは 5を いくつ こえて いるでしょう。

① 8 （　　）　② 6 （　　）

③ 7 （　　）　④ 9 （　　）

4 つぎの かずは 10を いくつ こえて いるでしょう。

① 13 （　　）　② 19 （　　）

③ 12 （　　）　④ 16 （　　）

⑤ 11 （　　）　⑥ 15 （　　）

⑦ 14 （　　）　⑧ 18 （　　）

⑨ 17 （　　）

5や 10を いくつ こえて いる

れいだい

おうちの かたへ

かずを 5や 10を もとに して とらえる れんしゅうです。つまずくようでしたら 1えんだまを たくさん よういして あげて ください。

1 したの かずは 5を いくつ こえて いるでしょう。（まるを くろく ぬらずに みるだけで こたえましょうね）

① 7 （ 2 ）　② 5 （　　）

③ 9 （　　）　④ 8 （　　）

2 したの かずは 10を いくつ こえて いるでしょう。（まるを くろく ぬらずに みるだけで こたえましょうね）

① 12 （　　）　② 16 （　　）

③ 14 （　　）　④ 15 （　　）

⑤ 11 （　　）　⑥ 19 （　　）

⑦ 13 （　　）　⑧ 18 （　　）

⑨ 17 （　　）

3 したの かずは 5を いくつ こえて いるでしょう。

①8……5を（ 3 ）こえている　②6……5を（　　）こえている

③7……5を（　　）こえている　④9……5を（　　）こえている

4 したの かずは 10を いくつ こえて いるでしょう。

①14……10を（ 4 ）こえている　②11……10を（　　）こえている

③17……10を（　　）こえている　④19……10を（　　）こえている

⑤12……10を（　　）こえている　⑥13……10を（　　）こえている

⑦15……10を（　　）こえている　⑧16……10を（　　）こえている

⑨18……10を（　　）こえている

5や 10を いくつ こえて いる

れんしゅう

おうちの かたへ

この ページ《ぺえじ》に じかんが かかるようでしたら 1えんだまを つかって れんしゅうして ください。しょうがく1ねん・2ねんの けいさんに ちょくせつ かかわる ないようです。

1 したの かずは 5を いくつ こえて いるでしょう。

① 6……5を（　　）こえて いる　② 9……5を（　　）こえて いる

③ 7……5を（　　）こえて いる　④ 8……5を（　　）こえて いる

2 したの かずは 10を いくつ こえて いるでしょう。

① 13……10を（　　）こえて いる　② 19……10を（　　）こえて いる

③ 12……10を（　　）こえて いる　④ 16……10を（　　）こえて いる

⑤ 14……10を（　　）こえて いる　⑥ 15……10を（　　）こえて いる

⑦ 11……10を（　　）こえて いる　⑧ 17……10を（　　）こえて いる

⑨ 18……10を（　　）こえて いる

3 つぎの かずは 5を いくつ こえて いるでしょう。

①12 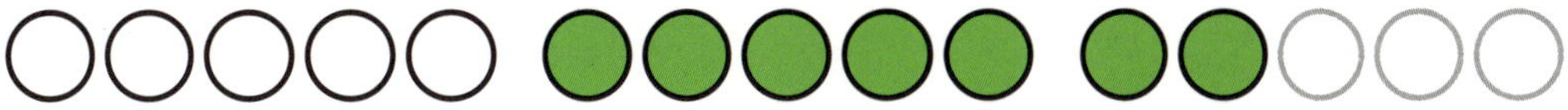

5を（ 7 ）こえて いる

②14 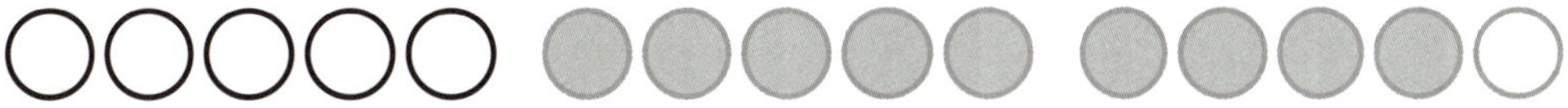

5を（　　）こえて いる

③11 

5を（　　）こえて いる

④13 

5を（　　）こえて いる

⑤15 

5を（　　）こえて いる

4 つぎの かずは 15を いくつ こえて いるでしょう。

①17 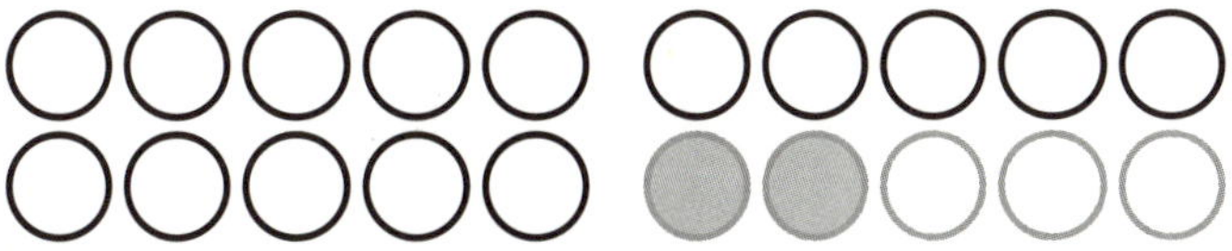 15を（ 2 ）こえて いる

②19 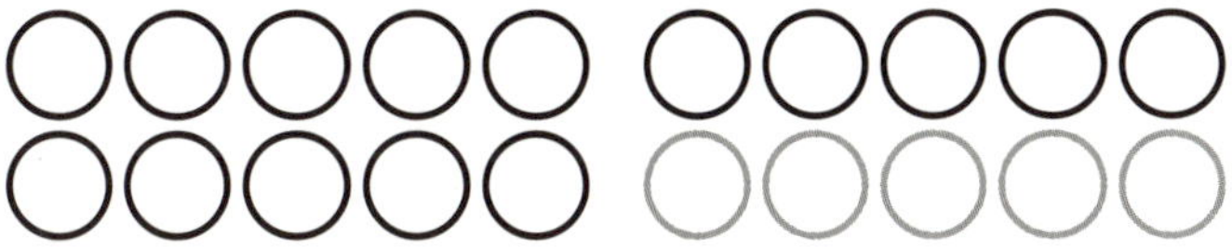 15を（　　）こえて いる

③18 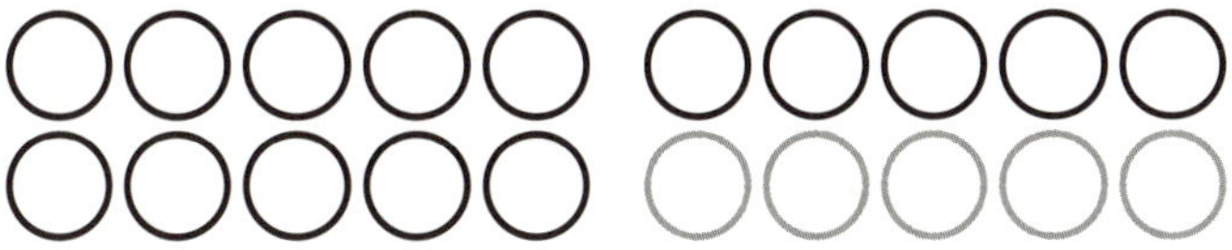 15を（　　）こえて いる

④16 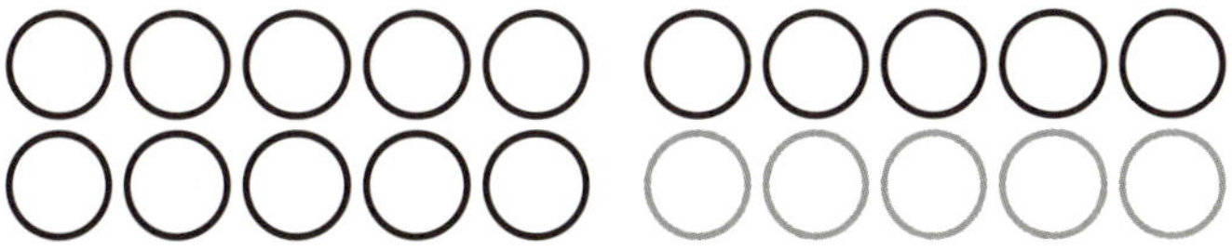 15を（　　）こえて いる

あわせて いくつ

前の単元に続いて、5や10のまとまりが大切になります。「かぞえてたしざん」という単元名から、たとえば、3＋4の場合、「3の次は4だから、4、5、6、7とかぞえる」と思われるかもしれませんが、そうではありません。

3は、あと2で5になる。4から2を取ると残りが2になる。その2個の○をぬり、5の次から「6、7」とかぞえるようにしていただきたいのです。

「まず、5や10にする。そして、あまった数をあわせてかぞえる」

これが、ポイントです。

「すうじでたしざん」でも、「まず、5や10にする」ところは同じです。そして、あまった数を5や10にしてたすときに、かぞえずに計算させるようにしてください。

かぞえて たしざん

おうちの かたへ

5より いくつ おおく なるかや 10より いくつ おおく なるか すくなく なるかを かんじる ことが たいせつです。

1 つぎの ２つの かずを あわせると いくつに なるでしょう。（かずの ぶんだけ まるを ぬって みましょう）

① 3 と 4 （ 7 ）

② 1 と 3 （　）

③ 2 と 2 （　）

④ 3 と 2 （　）

⑤ 4 と 3 （　）

⑥ 4 と 5 （　）

2 つぎの ２つの かずを あわせると いくつに なるでしょう。（かずの ぶんだけ まるを ぬって みましょう）

① 6 と 5 （ 11 ）

② 3 と 8 （　）

③ 4 と 9 （　）

④ 6 と 7 （　）

⑤ 8 と 7 （　）

おうちの かたへ

この ページ《ぺえじ》は ○を ぬりつぶさずに みるだけ で ゆびで おさえて いっても かまいません。

3 つぎの ２つの かずを あわせると いくつに なるでしょう。

① 1 と 3 （　　） 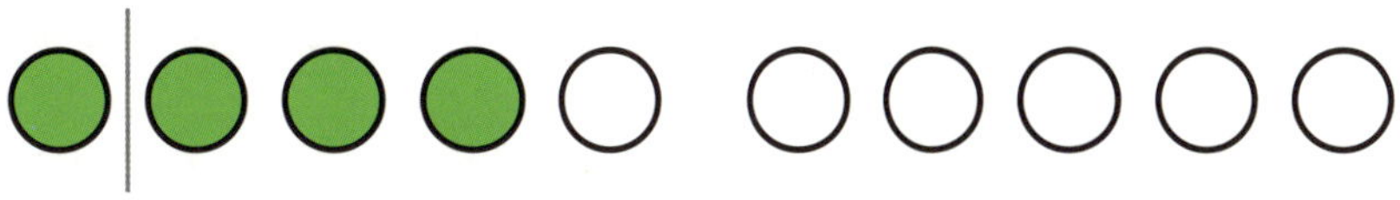

② 2 と 5 （　　） 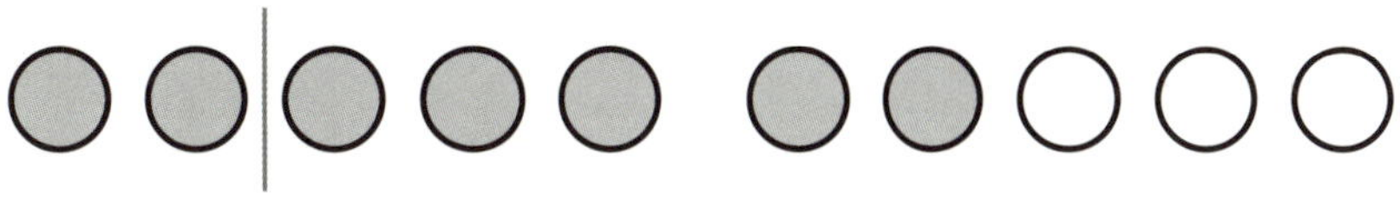

③ 3 と 3 （　　） 

④ 4 と 5 （　　） 

⑤ 6 と 2 （　　） 

⑥ 7 と 1 （　　） 

4 つぎの ２つの かずを あわせると いくつに なるでしょう。

① 6 と 7 （　　） 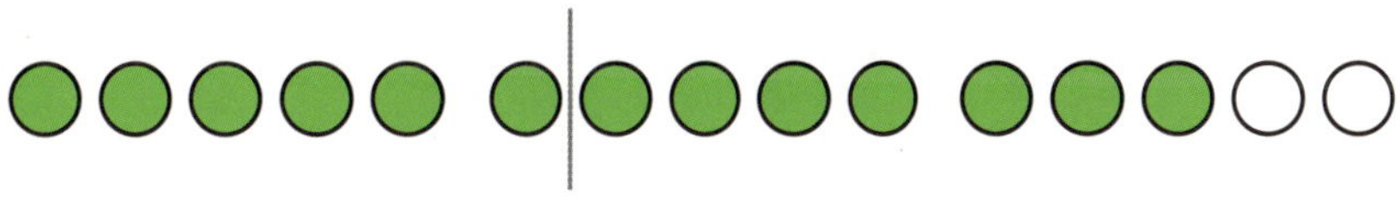

② 7 と 5 （　　） 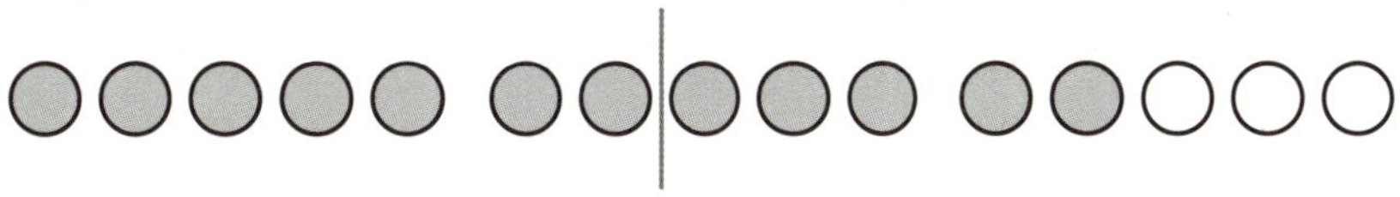

③ 7 と 8 （　　） 

④ 8 と 7 （　　） 

⑤ 9 と 3 （　　） 

⑥ 9 と 5 （　　） 

かぞえて たしざん

れいだい

おうちの かたへ

5や 10 を きじゅんに して たしざんを する ための れんしゅうです。

1 つぎの 2つの かずを あわせると いくつに なるでしょう。（かずの ぶんだけ まるを ぬって みましょう）

① 2 と 1（ 3 ） ●●|●○○ ○○○○○

② 3 と 4（　　） ●●●|●● ●●○○○

③ 5 と 3（　　） ○○○○○ ○○○○○

④ 4 と 4（　　） ○○○○○ ○○○○○

⑤ 5 と 4（　　） ○○○○○ ○○○○○

⑥ 6 と 2（　　） ○○○○○ ○○○○○

⑦ 7 と 2（　　） ○○○○○ ○○○○○

2 つぎの 2つの かずを あわせると いくつに なるでしょう。（かずの ぶんだけ まるを ぬって みましょう）

① 4 と 6（ 10 ） ●●●●|● ●●●●● ○○○○○

② 5 と 7（　　） ●●●●●|●●●●● ●●○○○

③ 5 と 9（　　） ○○○○○ ○○○○○ ○○○○○

④ 6 と 6（　　） ○○○○○ ○○○○○ ○○○○○

⑤ 7 と 8（　　） ○○○○○ ○○○○○ ○○○○○

⑥ 8 と 6（　　） ○○○○○ ○○○○○ ○○○○○

⑦ 9 と 4（　　） ○○○○○ ○○○○○ ○○○○○

3 つぎの 2つの かずを あわせると いくつに なるでしょう。（かずの ぶんだけ まるを ぬって みましょう）

① 2 と 1 （ 3 ） ●●|●○○ ○○○○○
(2＋1)

② 3 と 5 （　　） ●●●|●● ●●●○○
(3＋5)

③ 4 と 6 （　　） ○○○○○ ○○○○○
(4＋6)

④ 5 と 2 （　　） ○○○○○ ○○○○○
(5＋2)

4 つぎの 2つの かずを あわせると いくつに なるでしょう。（かずの ぶんだけ まるを ぬって みましょう）

① 4 と 7 （ 11 ） ●●●●|● ●●●●● ●○○○○
(4＋7)

② 5 と 8 （　　） ○○○○○ ○○○○○ ○○○○○
(5＋8)

③ 6 と 5 （　　） ○○○○○ ○○○○○ ○○○○○
(6＋5)

④ 7 と 8 （　　） ○○○○○ ○○○○○ ○○○○○
(7＋8)

⑤ 4 と 9 （　　） ○○○○○ ○○○○○ ○○○○○
(4＋9)

かぞえて たしざん

れんしゅう

おうちの かたへ

4+3の けいさんでは「4は 1を たすと 5に なる。そうしたら 2だけ のこる…」。このような とらえかたの れんしゅうです。

1 つぎの 2つの かずを あわせると いくつに なるでしょう。

(○を ぬりつぶさずに、みるだけで こたえましょう)

① 2と4 (2+4) ○○○○○ ○○○○○ (　　)

② 3と5 (3+5) ○○○○○ ○○○○○ (　　)

③ 4と4 (4+4) ○○○○○ ○○○○○ (　　)

④ 5と2 (5+2) ○○○○○ ○○○○○ (　　)

⑤ 6と4 (6+4) ○○○○○ ○○○○○ (　　)

2 つぎの 2つの かずを あわせると いくつに なるでしょう。

(○を ぬりつぶさずに、みるだけで こたえましょう)

① 4と8 (4+8) ○○○○○ ○○○○○ ○○○○○ (　　)

② 5と7 (5+7) ○○○○○ ○○○○○ ○○○○○ (　　)

③ 5と9 (5+9) ○○○○○ ○○○○○ ○○○○○ (　　)

④ 6と5 (6+5) ○○○○○ ○○○○○ ○○○○○ (　　)

⑤ 6と7 (6+7) ○○○○○ ○○○○○ ○○○○○ (　　)

⑥ 7と7 (7+7) ○○○○○ ○○○○○ ○○○○○ (　　)

⑦ 8と7 (8+7) ○○○○○ ○○○○○ ○○○○○ (　　)

3 つぎの 2つの かずを あわせると いくつに なるでしょう。
(○を ぬりつぶさずに、みるだけで こたえましょう)

① 3 と 3 (3＋3) ○○○○○ ○○○○○ (　　)

② 4 と 3 (4＋3) ○○○○○ ○○○○○ (　　)

③ 2 と 6 (2＋6) ○○○○○ ○○○○○ (　　)

④ 5 と 4 (5＋4) ○○○○○ ○○○○○ (　　)

⑤ 6 と 3 (6＋3) ○○○○○ ○○○○○ (　　)

4 つぎの 2つの かずを あわせると いくつに なるでしょう。
(○を ぬりつぶさずに、みるだけで こたえましょう)

① 6 と 6 (6＋6) ○○○○○ ○○○○○ ○○○○○ (　　)

② 7 と 8 (7＋8) ○○○○○ ○○○○○ ○○○○○ (　　)

③ 4 と 8 (4＋8) ○○○○○ ○○○○○ ○○○○○ (　　)

④ 5 と 9 (5＋9) ○○○○○ ○○○○○ ○○○○○ (　　)

⑤ 9 と 6 (9＋6) ○○○○○ ○○○○○ ○○○○○ (　　)

⑥ 7 と 6 (7＋6) ○○○○○ ○○○○○ ○○○○○ (　　)

⑦ 8 と 5 (8＋5) ○○○○○ ○○○○○ ○○○○○ (　　)

すうじで たしざん

おうちの かたへ

かずの けいさんで たいせつな ことは、5や 10を いくつ こえるか たりないかが わかる ことです。たくさん れんしゅうして もらえるように ふろくに 「けいさんカード」を つけました。

1 つぎの かずを あわせると いくつに なるでしょう。

① 1 と 2 (　　)
(1＋2)

② 1 と 1 (　　)
(1＋1)

③ 1 と 3 (　　)
(1＋3)

④ 1 と 4 (　　)
(1＋4)

⑤ 2+2 (　　)
(2と2)

⑥ 2+3 (　　)
(2と3)

⑦ 2+4 (　　)
(2と4)

⑧ 2+6 (　　)
(2と6)

⑨ 2+5 (　　)
(2と5)

⑩ 2+7 (　　)
(2と7)

⑪ 3+3 (　　)
(3と3)

⑫ 3+4 (　　)
(3と4)

⑬ 3+7 (　　)
(3と7)

⑭ 3+5 (　　)
(3と5)

⑮ 4+4 (　　)
(4と4)

⑯ 4+5 (　　)
(4と5)

⑰ 4+6 (　　)
(4と6)

⑱ 5+1 (　　)
(5と1)

⑲ 5+2 (　　)
(5と2)

⑳ 5+4 (　　)
(5と4)

㉑ 5+3 (　　)
(5と3)

㉒ 5+5 (　　)
(5と5)

㉓ 6+1 (　　)
(6と1)

㉔ 6+2 (　　)
(6と2)

1 は、ごうけいが 10 までの けいさんです。
2 に はいる まえに、ふろくの「けいさんカード」を つかって 10までの たしざんを れんしゅうしましょう。

2 つぎの かずに いくつを あわせると 10に なるでしょう。

① 8と[2]
(8＋[2])

② 7と[3]
(7＋[3])

③ 9と□
(9＋□)

④ 5＋□
(5と□)

⑤ 4＋□
(4と□)

⑥ 2＋□
(2と□)

⑦ 3＋□
(3と□)

⑧ 1＋□
(1と□)

3 つぎの 2 つの かずを あわせると いくつに なるでしょう。

① **8 と 5**
(8＋5)

8 と（ 2 ）を あわせると 10 に なります。
5 から（ 2 ）を もらって くると（ 3 ）のこります。
こたえは（ 10 ）と（ 3 ）を あわせて（ 13 ）です。

② **7＋8**
(7と8)

7 と（　　）を あわせると 10 に なります。
8 から（　　）を もらって くると（　　）のこります。
こたえは（　　）と（　　）を あわせて（　　）です。

③ **3＋9**
(3と9)

3 と（　　）を あわせると 10 に なります。
9 から（　　）を もらって くると（　　）のこります。
こたえは（　　）と（　　）を あわせて（　　）です。

④ **8＋7**
(8と7)

8 と（　　）を あわせると 10 に なります。
7 から（　　）を もらって くると（　　）のこります。
こたえは（　　）と（　　）を あわせて（　　）です。

この 3 が おわってから ふろくの「けいさんカード」を つかって 10 を こえる たしざんの れんしゅうを しましょう。

すうじで たしざん

れいだい①

おうちの かたへ

この たんげんは たくさん れんしゅうして なれる ことが たいせつです。たくさん れんしゅうする ことで はやく せいかくに なります。

1 つぎの かずを あわせると いくつに なるでしょう。

① 2と3 (2＋3) (　　)

② 3と4 (3＋4) (　　)

③ 2と5 (2＋5) (　　)

④ 3と6 (3＋6) (　　)

⑤ 1+6 (1と6) (　　)

⑥ 2+7 (2と7) (　　)

⑦ 4+3 (4と3) (　　)

⑧ 4+5 (4と5) (　　)

⑨ 5+5 (5と5) (　　)

⑩ 6+4 (6と4) (　　)

⑪ 7+1 (7と1) (　　)

⑫ 8+2 (8と2) (　　)

⑬ 7+2 (7と2) (　　)

⑭ 3+5 (3と5) (　　)

2 つぎの かずに いくつを あわせると 10に なるでしょう。

① 7と□
（7＋3）

② 4と□
（4＋□）

③ 1と□
（1＋□）

④ 3＋□
（3と□）

⑤ 2＋□
（2と□）

⑥ 6＋□
（6と□）

⑦ 8＋□
（8と□）

⑧ 9＋□
（9と□）

⑨ 5＋□
（5と□）

すうじで たしざん

れいだい②

おうちの かたへ

8+4を けいさんする ときに 9、10、11、12と ゆびおりかぞえる ことを しないように ちゅういして あげて ください。

3 つぎの かずを あわせると いくつに なるでしょう。

① **3 と 9**
(3+9)

3と(　　)を あわせると 10に なります。

9から(　　)を もらって くると(　　)のこります。

こたえは(　　)と(　　)を あわせて(　　)です。

② **6 と 7**
(6+7)

6と(　　)を あわせると 10に なります。

7から(　　)を もらって くると(　　)のこります。

こたえは(　　)と(　　)を あわせて(　　)です。

③ **7 と 8**
(7+8)

7と(　　)を あわせると 10に なります。

8から(　　)を もらって くると(　　)のこります。

こたえは(　　)と(　　)を あわせて(　　)です。

④ **8 と 6**
(8+6)

8と(　　)を あわせると 10に なります。

6から(　　)を もらって くると(　　)のこります。

こたえは(　　)と(　　)を あわせて(　　)です。

⑤～⑯も ひだりページ《ぺえじ》と おなじように かんがえましょう。かぞえて こたえを ださないように しましょうね。

⑤ 2＋9 (　　)　　⑥ 3＋8 (　　)

⑦ 4＋7 (　　)　　⑧ 5＋6 (　　)

⑨ 3＋9 (　　)　　⑩ 4＋8 (　　)

⑪ 4＋9 (　　)　　⑫ 6＋7 (　　)

⑬ 7＋8 (　　)　　⑭ 7＋7 (　　)

⑮ 5＋8 (　　)　　⑯ 7＋5 (　　)

すうじで たしざん

れんしゅう

おうちの かたへ

ふろくの「けいさんカード」で たくさん あそんだ あとで この れんしゅうの ページ《ぺえじ》を やりましょう。

1 つぎの かずを あわせると いくつに なるでしょう。

① 3と5 (3＋5)（　　）

② 2と1 (2＋1)（　　）

③ 4と3 (4＋3)（　　）

④ 5と2 (5＋2)（　　）

⑤ 6+2 (6と2)（　　）

⑥ 7+1 (7と1)（　　）

⑦ 5+3 (5と3)（　　）

⑧ 2+7 (2と7)（　　）

2 つぎの かずに いくつを あわせると 10に なるでしょう。

① 8と□ (8＋□)

② 9と□ (9＋□)

③ 5と□ (5＋□)

④ 2＋□ (2と□)

⑤ 6＋□ (6と□)

⑥ 7＋□ (7と□)

⑦ 1＋□ (1と□)

⑧ 3＋□ (3と□)

⑨ 4＋□ (4と□)

3 つぎの 2つの かずを あわせると いくつに なるでしょう。

① 6と7 (6＋7)

6と(　　)を あわせると 10に なります。

7から(　　)を もらって くると(　　)のこります。

こたえは(　　)と(　　)を あわせて(　　)です。

② 4と9 (4＋9)

4と(　　)を あわせると 10に なります。

9から(　　)を もらって くると(　　)のこります。

こたえは(　　)と(　　)を あわせて(　　)です。

③ 3＋8 (　　)　　④ 5＋7 (　　)

⑤ 7＋6 (　　)　　⑥ 8＋4 (　　)

⑦ 9＋6 (　　)　　⑧ 3＋9 (　　)

⑨ 6＋7 (　　)　　⑩ 4＋6 (　　)

⑪ 6＋8 (　　)　　⑫ 8＋6 (　　)

⑬ 4＋9 (　　)　　⑭ 2＋9 (　　)

⑮ 5＋8 (　　)　　⑯ 6＋5 (　　)

ひいて いくつ

この単元も、５や10のまとまりを大切にしています。
一つ前のたし算の単元で手こずったと感じられたら、１円硬貨やおはじきをたくさん用意して、「けいさんカード」を利用して次のようなことを遊び感覚でやってみてください。
７＋５のときは、１円硬貨を７枚机に並べさせます。また、手に持たせた１円硬貨５枚から、３枚を取って机に並べて10にします。机に並べた10枚と手に残った２枚を見て答えます。
７－３のときは、１円硬貨を７枚机に並べさせます。机の硬貨をまず５枚にするために、２枚を手に持たせます。「机の１円をあと何枚取ればいい？」と質問して、もう１枚持たせます。
「机に何枚残った？」「手に何枚あるの？」と聞いてあげてください。
手を実際に使った作業は、理解を急速に高めます。このような遊びをたくさんやってから、この単元に入ってください。

かぞえて ひきざん

おうちの かたへ

もとの かずだけ ○を かいて とくように して あげて ください。

1 つぎの □ に はいる すうじを みつけましょう。

① おだんごが 5 こ ありました。
たろうくんが 3 こ たべました。

のこりは 2 こです。

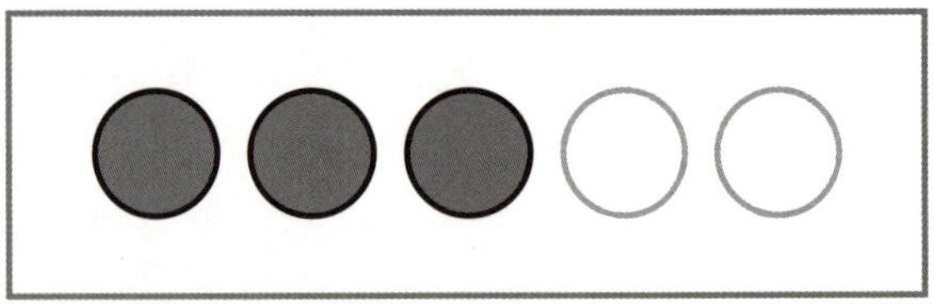

② みかんが 6 こ ありました。
はなこさんが 4 こ たべました。

のこりは □ こです。

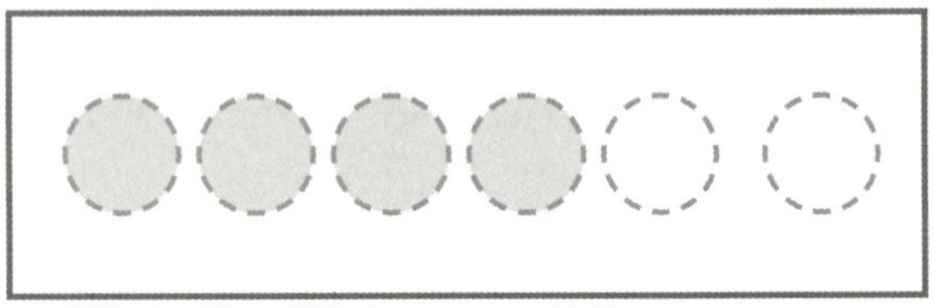

③ りんごが 4 こ ありました。
かぞく みんなで 3 こ たべました。

のこりは □ こです。

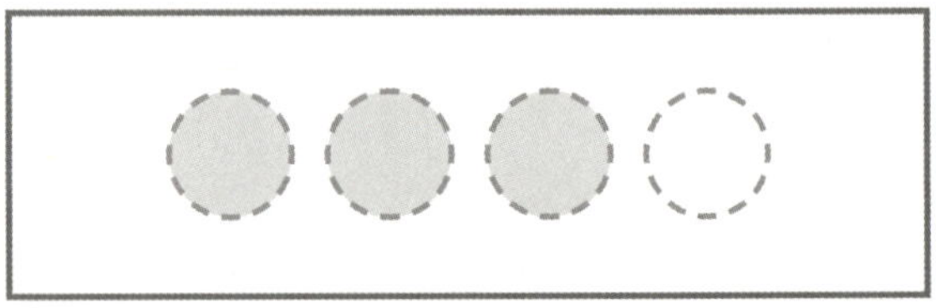

④ あまなっとうが 10 つぶ ありました。
じろうくんが 6 つぶ たべました。

のこりは □ つぶです。

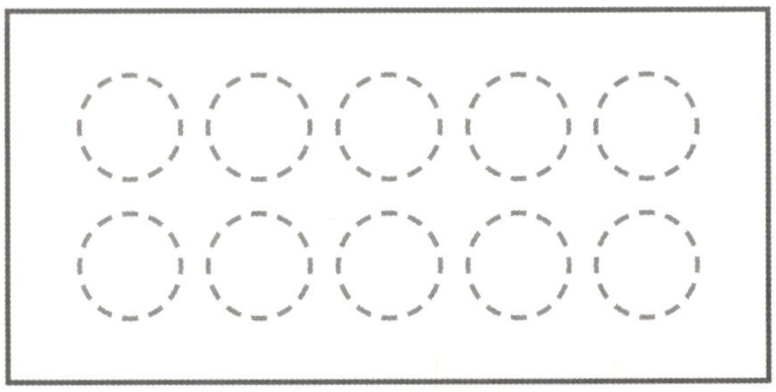

⑤ たまごやきが 5 きれ ありました。
あきらくんが 3 きれ たべました。

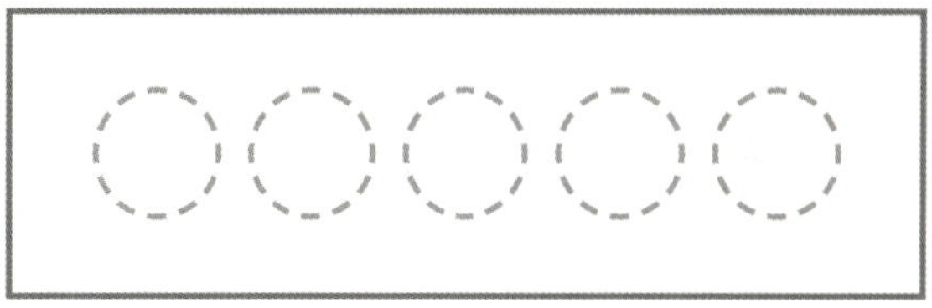

のこりは □ きれです。

⑥ おだんごが 8 こ ありました。
たろうくんが [5] こ たべました。

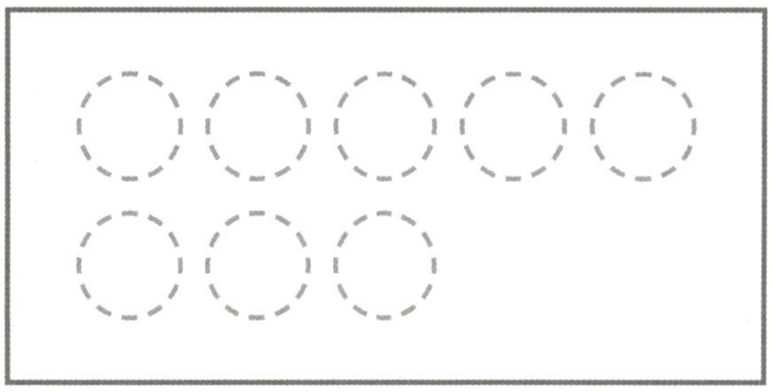

のこりは 3 こです。

⑦ みかんが 7 こ ありました。
はなこさんが □ こ たべました。

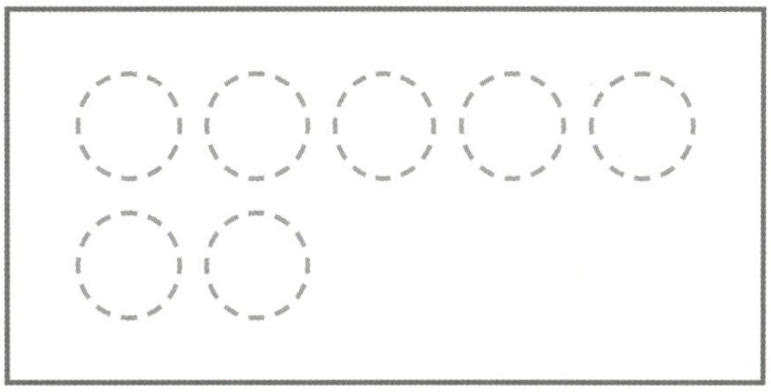

のこりは 4 こです。

⑧ りんごが 10 こ ありました。
かぞく みんなで □ こ たべました。

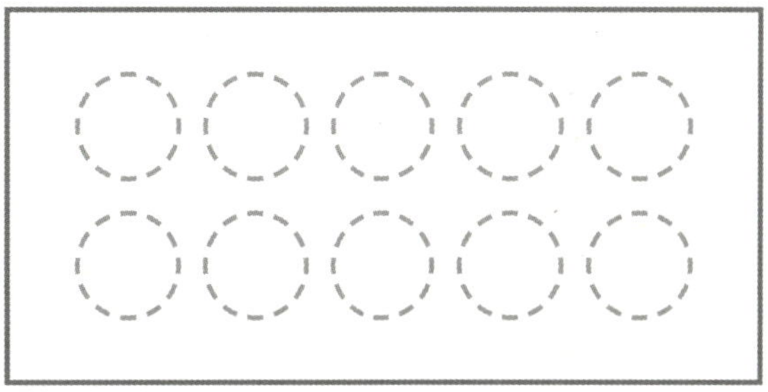

のこりは 2 こです。

まだまだ、よむのが むずかしい ねんれいです。おこさんが よむ まえに、おうちの かたが よんで あげるように して ください。

2 つぎの □ に はいる すうじを みつけましょう。

① 3 に [2] を あわせると 5　　5 から 3 を とる(ひく)と [2]

●●●○○　　5 から [2] を とる(ひく)と 3

② 2 に [2] を あわせると 4　　4 から 2 を とる(ひく)と [2]

●●○○

③ 1 に □ を あわせると 3　　3 から 1 を とる(ひく)と □

●○○　　3 から □ を とる(ひく)と 1

④ 2 に □ を あわせると 6　　6 から 2 を とる(ひく)と □

ここに ○を かいて といて みましょう

◌◌◌◌◌◌　　6 から □ を とる(ひく)と 2

⑤ 3 に □ を あわせると 6　　6 から 3 を とる(ひく)と □

□

かぞえる
かく
なかまわけ
5や10になるかず
あわせていくつ
ひいていくつ
さんこう

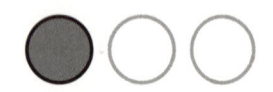

⑥ 3に□を あわせると 7

7から 3を とる《ひく》と□

7から□を とる《ひく》と 3

---

⑦ 4に□を あわせると 9

9から 4を とる《ひく》と□

9から□を とる《ひく》と 4

---

3 ○を かいて ひきざんを しましょう。

① $5-3=$ 2
(5から 3を ひく)

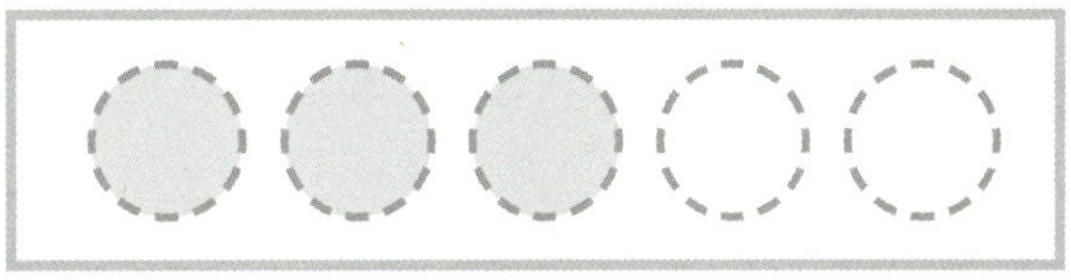

② $7-4=$ □
(7から 4を ひく)

③ $6-2=$ □
(6から 2を ひく)

④ $10-3=$ □
(10から 3を ひく)

かぞえて ひきざん

れいだい

おうちの かたへ

おかあさんが みぶりてぶりを まじえて よんで あげて ください。おこさんの りかいが ふかまります。

1 もとの かずだけ ◯を かいて かんがえましょう。

① みかんが 7 こ ありました。
よしこさんが 3 こ たべました。

のこりは 4 こです。

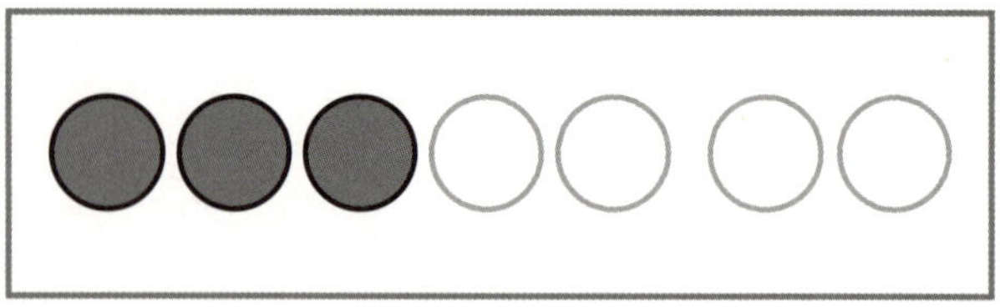

② おだんごが 4 こ ありました。
たろうくんが 2 こ たべました。

のこりは 2 こです。

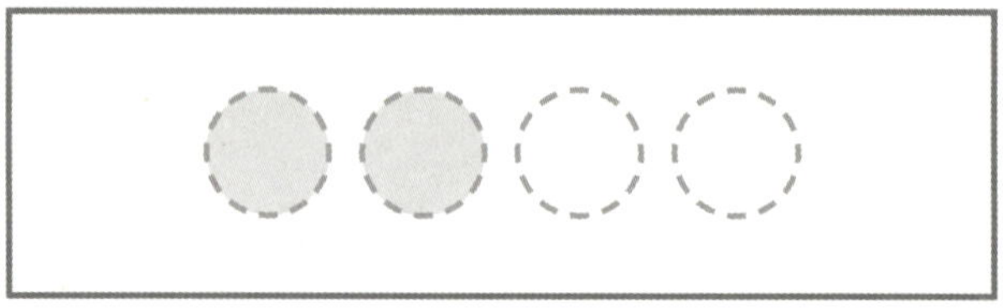

③ りんごが 8 こ ありました。
かぞく みんなで 6 こ たべました。

のこりは □ こです。

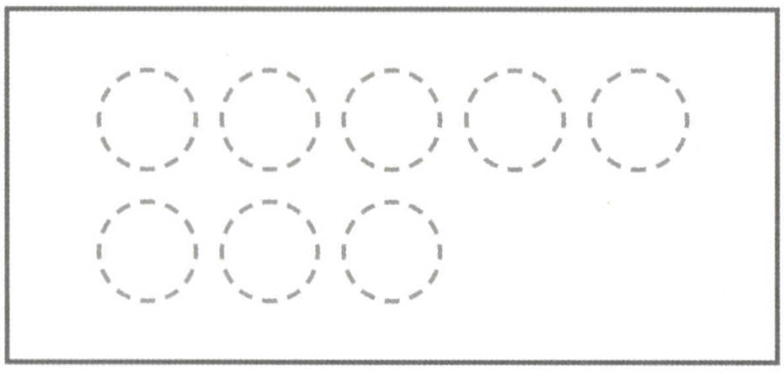

④ ロールケーキが 5 きれ ありました。
じろうくんが 2 きれ たべました。

のこりは □ きれです。

⑤ あまなっとうが
9つぶ ありました。
あきらくんが 3つぶ たべました。

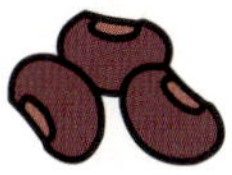

のこりは □ つぶです。

⑥ おだんごが 10こ ありました。
はなこさんが 4こ たべました。

のこりは □ こです。

⑦ えんぴつが 6ぽん ありました。
よしこさんが 5ほん つかいました。

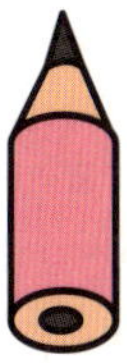

のこりは □ ぽんです。

⑧ みかんが 10こ ありました。
かぞく みんなで 7こ たべました。

のこりは □ こです。

2 つぎの □ に はいる すうじを みつけましょう。

① 4に [3] を あわせると 7　　7から 4を とる《(ひく)》と [3]

●●●●○○○　　7から [3] を とる《(ひく)》と 4

---

② 1に [5] を あわせると 6　　6から 1を とる《(ひく)》と [5]

●○○○○○　　6から [5] を とる《(ひく)》と 1

---

③ 2に □ を あわせると 5　　5から 2を とる《(ひく)》と □

○○○○○　　5から □ を とる《(ひく)》と 2

---

④ 3に □ を あわせると 6　　6から 3を とる《(ひく)》と □

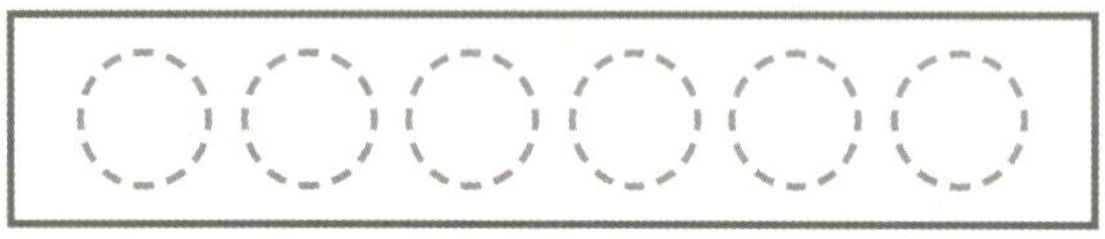

---

⑤ 3に □ を あわせると 9　　9から 3を とる《(ひく)》と □

9から □ を とる《(ひく)》と 3

---

⑥ 5に □ を あわせると 10　　10から 5を とる《(ひく)》と □

3 ◯を かいて ひきざんを しましょう。

① 4－1＝3
（4から 1を ひく）

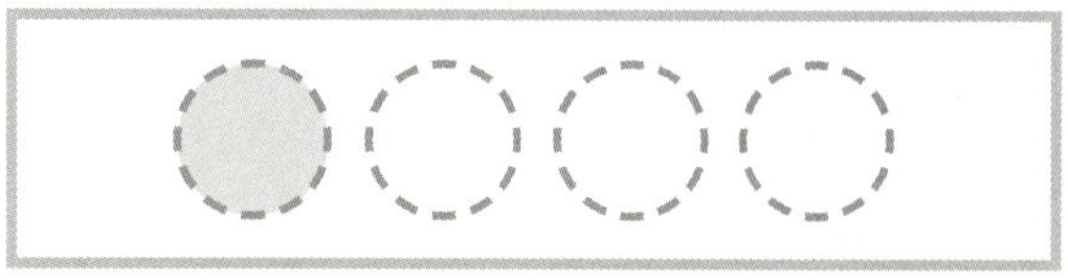

② 5－3＝□
（5から 3を ひく）

③ 6－3＝□
（6から 3を ひく）

④ 7－5＝□
（7から 5を ひく）

かぞえて ひきざん

れんしゅう

おうちの かたへ

1 は おかあさんが よんで あげた あとで おこさんに こえを だして よませて ください。

1 つぎの □ に はいる すうじを みつけましょう。

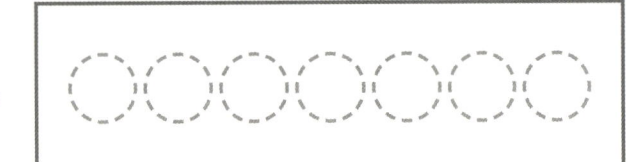

① おだんごが 7こ ありました。
たろうくんが 3こ たべました。
のこりは [4] こです。

② おだんごが 7こ ありました。
たろうくんが □ こ
たべました。
のこりは 3こです。

③ りんごが 8こ ありました。
おとうさんと おかあさんが
5こ たべました。
のこりは □ こです。

④ りんごが 8こ ありました。
おとうさんと おかあさんが
□ こ たべました。
のこりは 3こです。

⑤ みかんが 9 こ ありました。
はなこさんが 3 こ たべました。

のこりは 6 こです。

⑥ みかんが 9 こ ありました。
はなこさんが □ こ

たべました。
のこりは 6 こです。

⑦ りんごが 10 こ ありました。
おじいちゃんに 3 こ あげました。

のこりは □ こです。

⑧ りんごが 10 こ ありました。
おじいちゃんに □ こ

あげました。
のこりは 7 こです。

2 つぎの□に はいる すうじを みつけましょう。

① 2に□を あわせると 8　　8から 2を とる《(ひく)》と□

○○○○○○○○　　8から□を とる《(ひく)》と 2

② 3に□を あわせると 7　　7から 3を とる《(ひく)》と□

7から□を とる《(ひく)》と 3

③ 6に□を あわせると 9　　9から 6を とる《(ひく)》と□

9から□を とる《(ひく)》と 6

④ 4に□を あわせると 8　　8から 4を とる《(ひく)》と□

⑤ 7に□を あわせると 10　　10から 7を とる《(ひく)》と□

10から□を とる《(ひく)》と 7

3 ◯を かいて ひきざんを しましょう。

① $2-1=\square$
（2から 1を ひく）

② $4-2=\square$
（4から 2を ひく）

③ $5-1=\square$
（5から 1を ひく）

④ $6-4=\square$
（6から 4を ひく）

⑤ $7-5=\square$
（7から 5を ひく）

⑥ $8-3=\square$
（8から 3を ひく）

⑦ $9-2=\square$
（9から 2を ひく）

すうじで ひきざん

おうちの かたへ
1 **2** は ひく かずが 1ずつ ふえると、こたえが 1ずつ へって くる ことを かんじて もらう れんしゅうです。

1 つぎの □ に はいる すうじを みつけましょう。

① 2－1＝□　　② 2－0＝□

③ 3－1＝□　　④ 3－2＝□

⑤ 3－3＝□　　⑥ 4－1＝□

⑦ 4－2＝□　　⑧ 4－3＝□

⑨ 4－4＝□　　⑩ 5－1＝□

⑪ 5－2＝□　　⑫ 5－3＝□

⑬ 5－4＝□　　⑭ 5－5＝□

⑮ 6－1＝□　　⑯ 6－2＝□

⑰ 6－3＝□　　⑱ 6－4＝□

⑲ 6－5＝□　　⑳ 6－6＝□

㉑ 7－1＝□　　㉒ 7－2＝□

㉓ 7－3＝□　　㉔ 7－4＝□

㉕ 7－5＝□　　㉖ 7－6＝□

㉗ 7－7＝□

2 つぎの ひきざんを しましょう。

① 8－1＝□　② 8－2＝□

③ 8－3＝□　④ 8－4＝□

⑤ 8－5＝□　⑥ 8－6＝□

⑦ 8－7＝□　⑧ 8－8＝□

⑨ 9－1＝□　⑩ 9－2＝□

⑪ 9－3＝□　⑫ 9－4＝□

⑬ 9－5＝□　⑭ 9－6＝□

⑮ 9－7＝□　⑯ 9－8＝□

⑰ 9－9＝□

3 つぎの ひきざんを しましょう。

① 3－2＝□　② 3－1＝□

③ 4－1＝□　④ 6－2＝□

⑤ 6－4＝□　⑥ 9－6＝□

⑦ 7－2＝□　⑧ 10－3＝□

⑨ 9－3＝□　⑩ 4－3＝□

⑪ 10－7＝□　⑫ 7－5＝□

4 つぎの ひきざんを しましょう。

① 5－2＝□　　② 5－□＝2

③ 4－3＝□　　④ 4－□＝3

⑤ 7－4＝□　　⑥ 7－□＝4

⑦ 6－4＝□　　⑧ 6－□＝4

⑨ 8－4＝□　　⑩ 8－□＝4

⑪ 9－3＝□　　⑫ 9－□＝3

⑬ 10－4＝□　　⑭ 10－□＝4

⑮ 10－5＝□　　⑯ 10－□＝5

⑰ 10－6＝□　　⑱ 10－□＝6

⑲ 10－7＝□　　⑳ 10－□＝7

㉑ 11－4＝[7]

11 を 10 と [1] に わけます。
10 から 4 を ひくと [6]
[1] と [6] を あわせて [7]

㉒ 12－7＝□

12 を 10 と □ に わけます。
10 から 7 を ひくと □
□ と □ を あわせて □

㉓ 13－6＝□

13 を 10 と □ に わけます。
10 から 6 を ひくと □
□ と □ を あわせて □

れいだい

おうちの かたへ

ふだんの せいかつの なかで 1 のような かいわを ぜひ おねがいします。より りかいが ふかまります。

1 つぎの □ に はいる すうじを みつけましょう。

① おだんごが 5 こ ありました。
たろうくんは 2 こ たべました。
のこりは 3 こです。

5 − 2 = □

② みかんが 8 こ ありました。
はなこさんが 3 こ たべました。
のこりは □ こです。

8 − 3 = □

③ トマトが 6 こ ありました。
トマトジュースを つくるのに 4 こ
つかいました。のこりは □ こです。

④ ロールケーキを 10 きれ もらいました。
じろうくんが 5 きれ たべました。
のこりは □ きれです。

2 つぎの ひきざんを しましょう。

① 4 − 3 = □　　② 4 − 2 = □

③ 5 − 2 = □　　④ 7 − 3 = □

⑤ 6 − 5 = □　　⑥ 10 − 6 = □

⑦ 8 − 2 = □　　⑧ 9 − 3 = □

⑨ 10 − 3 = □　　⑩ 5 − 4 = □

⑪ 9 − 5 = □　　⑫ 8 − 6 = □

3 つぎの□に はいる すうじを みつけましょう。

① 7 − □ = 4　　② 5 − □ = 2

③ 6 − □ = 3　　④ 9 − □ = 4

⑤ 5 − □ = 1　　⑥ 4 − □ = 2

⑦ 8 − □ = 6　　⑧ 10 − □ = 3

4 つぎの□に はいる すうじを みつけましょう。

① 10 − 7 = □　　② 8 − □ = 3

③ 8 − 3 = □　　④ 10 − □ = 7

⑤ 7 − 5 = □　　⑥ 5 − □ = 3

⑦ 5 − 3 = □　　⑧ 7 − □ = 5

⑨ 9 − 7 = □　　⑩ 9 − □ = 7

すうじで ひきざん

れんしゅう

おうちの かたへ

ここで まちがいが おおい ばあいは「かぞえて ひきざん」（106 ページ）に もどって あせらず ゆっくりと やりなおして みましょう。

1 つぎの □ に はいる すうじを みつけましょう。

① きんぎょが 10 ぴき いました。
べつの いれものに 7 ひき
うつしました。

のこりは □ びきです。

10－7＝

② いちごが 8 こ ありました。
おかあさんが 5 こ たべました。

のこりは □ こです。

③ たまごやきが 9 きれ ありました。
たろうくんが 4 きれ たべました。

のこりは □ きれです。

④ さくらんぼが 7 こ ありました。
はなこさんが 4 こ たべました。

のこりは □ こです。

2 つぎの ひきざんを しましょう。

① 5－4＝□　　② 5－3＝□

③ 6－3＝□　　④ 8－4＝□

⑤ 7－6＝□　⑥ 10－5＝□

⑦ 9－4＝□　⑧ 8－3＝□

⑨ 9－2＝□　⑩ 6－4＝□

⑪ 10－6＝□　⑫ 7－3＝□

3 つぎの□の すうじを みつけましょう。

① 10－□＝7　② 6－3＝□

③ 8－□＝3　④ 5－□＝1

⑤ 9－□＝8　⑥ 7－□＝4

⑦ 9－□＝7　⑧ 4－□＝1

4 つぎの□の すうじを みつけましょう。

① 8－3＝□　② 10－3＝□

③ 7－□＝2　④ 8－□＝2

⑤ 6－5＝□　⑥ 9－2＝□

⑦ 9－□＝6　⑧ 6－□＝3

⑨ 5－3＝□　⑩ 10－4＝□

⑪ 4－□＝1　⑫ 7－□＝4

さんこう　9に なる かず

おうちの かたへ

小学3年生以降で習うくりさがりのあるひき算では、9からひく場合が多くあります。そのときにまちがえないための練習です。

1　あと いくつで 9に なるでしょう。

（かずの ぶんだけ くろく ぬって みましょう）

① 7 ●●●●●●●○○ （ 2 ）　② 1 ○○○○○○○○○ （　　）

③ 6 ○○○○○○○○○ （　　）　④ 8 ○○○○○○○○○ （　　）

⑤ 3 ○○○○○○○○○ （　　）　⑥ 4 ○○○○○○○○○ （　　）

⑦ 2 ○○○○○○○○○ （　　）　⑧ 5 ○○○○○○○○○ （　　）

2　9から つぎの かずを とると いくつ のこるでしょう。

（くろく ぬらずに みるだけで かんがえましょう）

① 4 ○○○○○○○○○ （　　）　② 3 ○○○○○○○○○ （　　）

③ 2 ○○○○○○○○○ （　　）　④ 7 ○○○○○○○○○ （　　）

⑤ 9 ○○○○○○○○○ （　　）　⑥ 1 ○○○○○○○○○ （　　）

⑦ 5 ○○○○○○○○○ （　　）　⑧ 8 ○○○○○○○○○ （　　）

⑨ 6 ○○○○○○○○○ （　　）

9に なる かず

れいだい

おうちの かたへ

$\begin{array}{r}205\\-136\\\hline\end{array}$ のような くりさがりの ある けいさんの まちがいを ふせぐ ための れんしゅうです。

1 あと いくつで 9に なるでしょう。(くろく ぬらずに みるだけで かんがえ ましょう)

① 2 ○○○○○ ○○○○ (　　)

② 6 ○○○○○ ○○○○ (　　)

③ 8 ○○○○○ ○○○○ (　　)

④ 1 ○○○○○ ○○○○ (　　)

⑤ 5 ○○○○○ ○○○○ (　　)

⑥ 7 ○○○○○ ○○○○ (　　)

⑦ 4 ○○○○○ ○○○○ (　　)

⑧ 3 ○○○○○ ○○○○ (　　)

2 9から つぎの かずを とると のこりは いくつでしょう。

① 9から 3を とると のこりは (　　)

② 9から 5を とると のこりは (　　)

③ 9から 4を とると のこりは (　　)

④ 9から 8を とると のこりは (　　)

⑤ 9から 6を とると のこりは (　　)

⑥ 9から 2を とると のこりは (　　)

⑦ 9から 1を とると のこりは (　　)

⑧ 9から 7を とると のこりは (　　)

9に なる かず

れんしゅう

おうちの かたへ

おおあわてで やって いるようでしたら「ゆっくりで いいよ」と やさしく いって あげて ください。

1 あと いくつで 9に なるでしょう。
(くろく ぬらずに みるだけで かんがえましょう)

① 2 ○○○○○○○○○ (　　)　② 6 ○○○○○○○○○ (　　)

③ 4 ○○○○○○○○○ (　　)　④ 7 ○○○○○○○○○ (　　)

⑤ 8 ○○○○○○○○○ (　　)　⑥ 1 ○○○○○○○○○ (　　)

⑦ 5 ○○○○○○○○○ (　　)　⑧ 3 ○○○○○○○○○ (　　)

2 9から つぎの かずを とると
のこりは いくつでしょう。

① 9から 3を とると のこりは (　　)

② 9から 1を とると のこりは (　　)

③ 9から 8を とると のこりは (　　)

④ 9から 7を とると のこりは (　　)

⑤ 9から 2を とると のこりは (　　)

⑥ 9から 4を とると のこりは (　　)

⑦ 9から 6を とると のこりは (　　)

⑧ 9から 5を とると のこりは (　　)

西村則康（にしむら　のりやす）

名門指導会代表　塾ソムリエ

教育・学習指導に35年以上の経験を持つ。現在は難関私立中学・高校受験のカリスマ家庭教師であり、プロ家庭教師集団である名門指導会を主宰。「鉛筆の持ち方で成績が上がる」「勉強は勉強部屋でなくリビングで」「リビングはいつも適度に散らかしておけ」などユニークな教育法を書籍・テレビ・ラジオなどで発信中。フジテレビをはじめ、テレビ出演多数。

著書に、『自分から勉強する子の育て方』『勉強ができる子になる「1日10分」家庭の習慣』『中学受験の常識 ウソ？ホント？』（以上、実務教育出版）などがある。

執筆協力／辻義夫、前田昌宏（中学受験情報局　主任相談員）

装丁／小口翔平＋喜來詩織（tobufune）

本文デザイン・DTP／新田由起子（ムーブ）

本文イラスト／近藤智子

制作協力／加藤彩

1日10分

小学校入学前のさんすう練習帳

2016年3月31日　初版第1刷発行

2022年10月10日　初版第5刷発行

著　者　西村則康

発行者　小山隆之

発行所　株式会社 実務教育出版

163-8671　東京都新宿区新宿1-1-12

電話　03-3355-1812（編集）　03-3355-1951（販売）

振替　00160-0-78270

印刷／文化カラー印刷　　製本／東京美術紙工

ISBN978-4-7889-1169-7　C0037　Printed in Japan

けいさんカード

たしざん

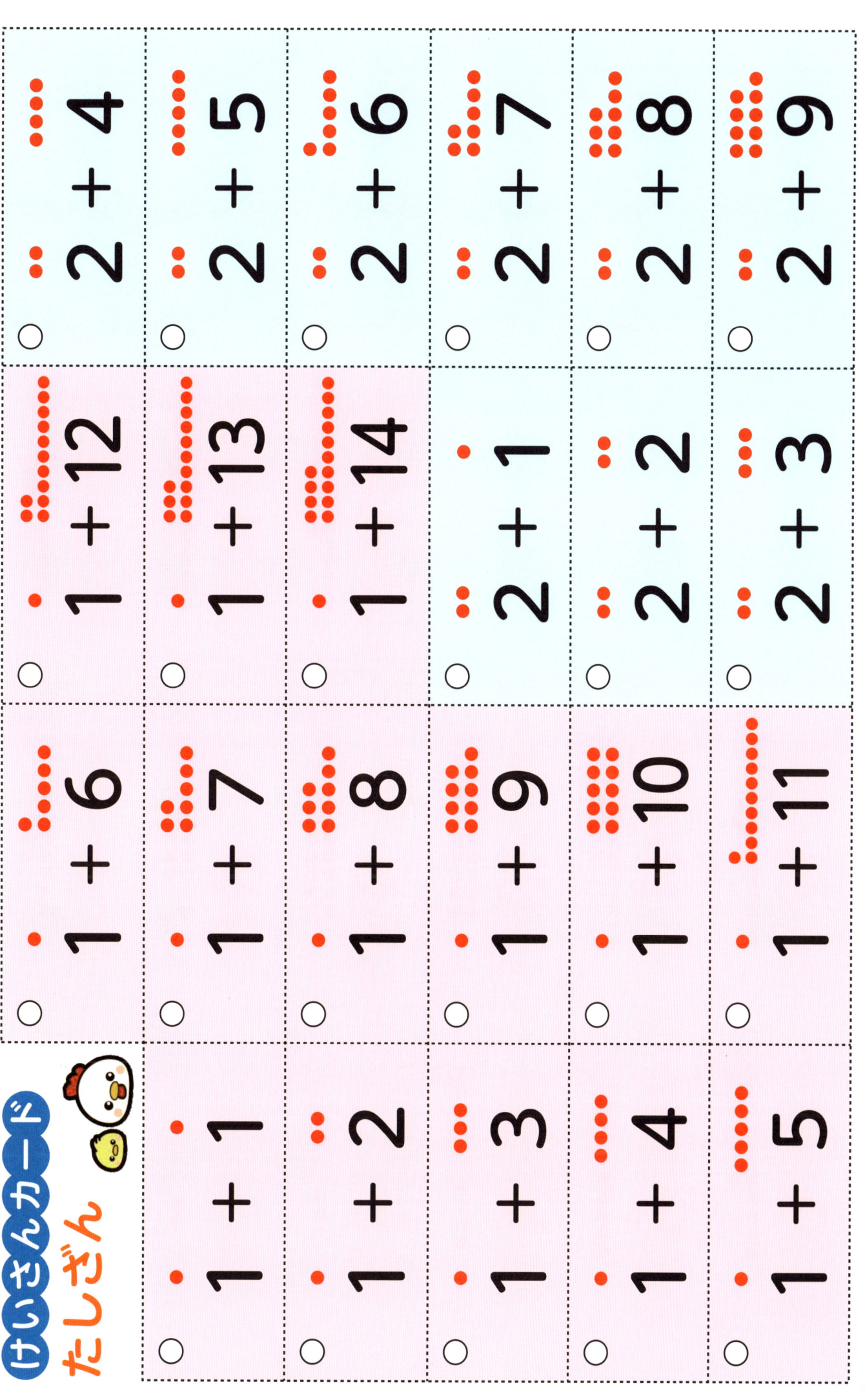

	1 + 6	1 + 12	2 + 4
1 + 1	1 + 7	1 + 13	2 + 5
1 + 2	1 + 8	1 + 14	2 + 6
1 + 3	1 + 9	2 + 1	2 + 7
1 + 4	1 + 10	2 + 2	2 + 8
1 + 5	1 + 11	2 + 3	2 + 9

こたえ 6	こたえ 13	こたえ 7	
こたえ 7	こたえ 14	こたえ 8	こたえ 2
こたえ 8	こたえ 15	こたえ 9	こたえ 3
こたえ 9	こたえ 3	こたえ 10	こたえ 4
こたえ 10	こたえ 4	こたえ 11	こたえ 5
こたえ 11	こたえ 5	こたえ 12	こたえ 6

2 + 10	3 + 3	3 + 9	4 + 3
2 + 11	3 + 4	3 + 10	4 + 4
2 + 12	3 + 5	3 + 11	4 + 5
2 + 13	3 + 6	3 + 12	4 + 6
3 + 1	3 + 7	4 + 1	4 + 7
3 + 2	3 + 8	4 + 2	4 + 8

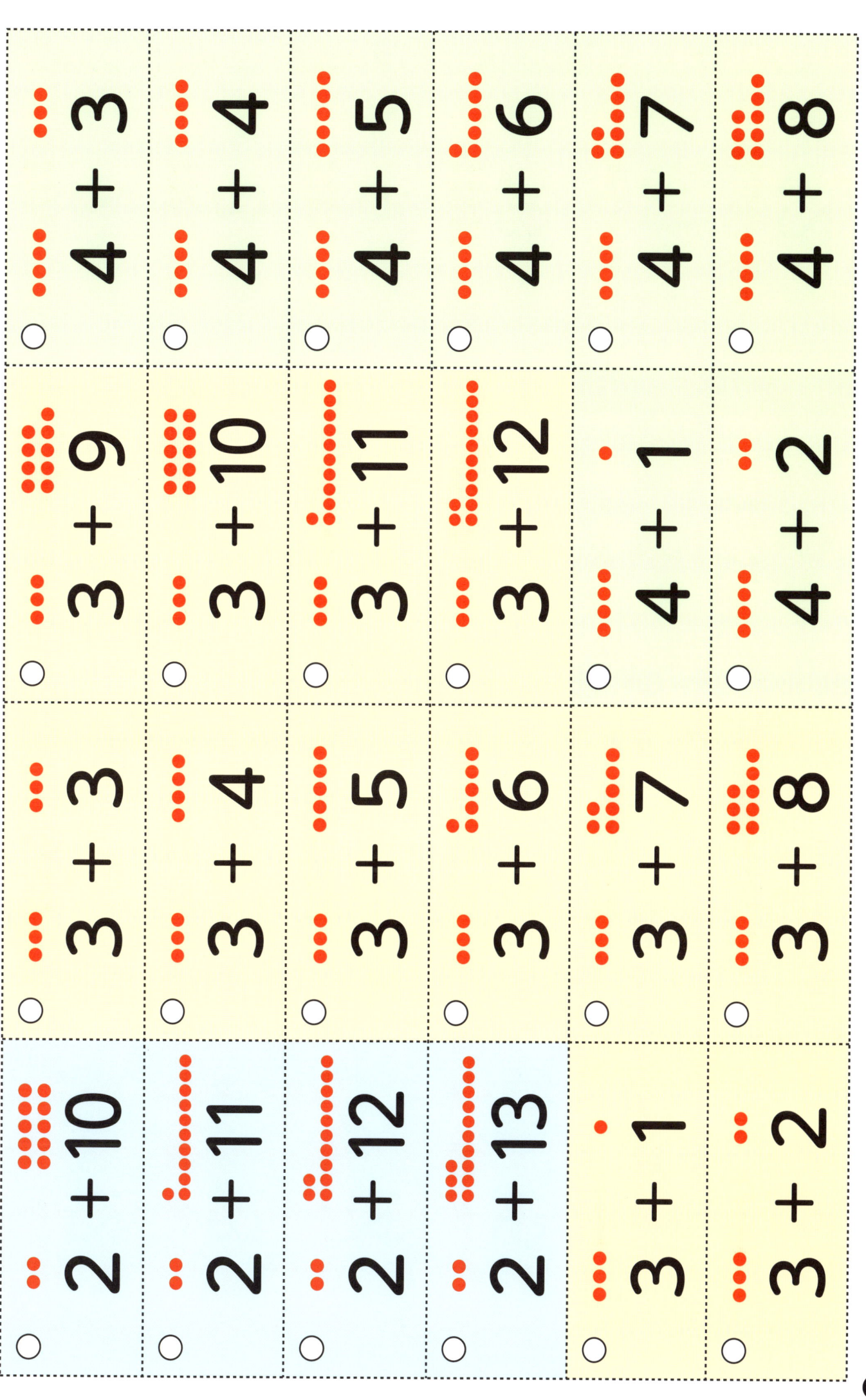

こたえ 7	こたえ 12	こたえ 6	こたえ 12
こたえ 8	こたえ 13	こたえ 7	こたえ 13
こたえ 9	こたえ 14	こたえ 8	こたえ 14
こたえ 10	こたえ 15	こたえ 9	こたえ 15
こたえ 11	こたえ 5	こたえ 10	こたえ 4
こたえ 12	こたえ 6	こたえ 11	こたえ 5

4 + 9	5 + 4	5 + 10	6 + 6
4 + 10	5 + 5	6 + 1	6 + 7
4 + 11	5 + 6	6 + 2	6 + 8
5 + 1	5 + 7	6 + 3	6 + 9
5 + 2	5 + 8	6 + 4	7 + 1
5 + 3	5 + 9	6 + 5	7 + 2

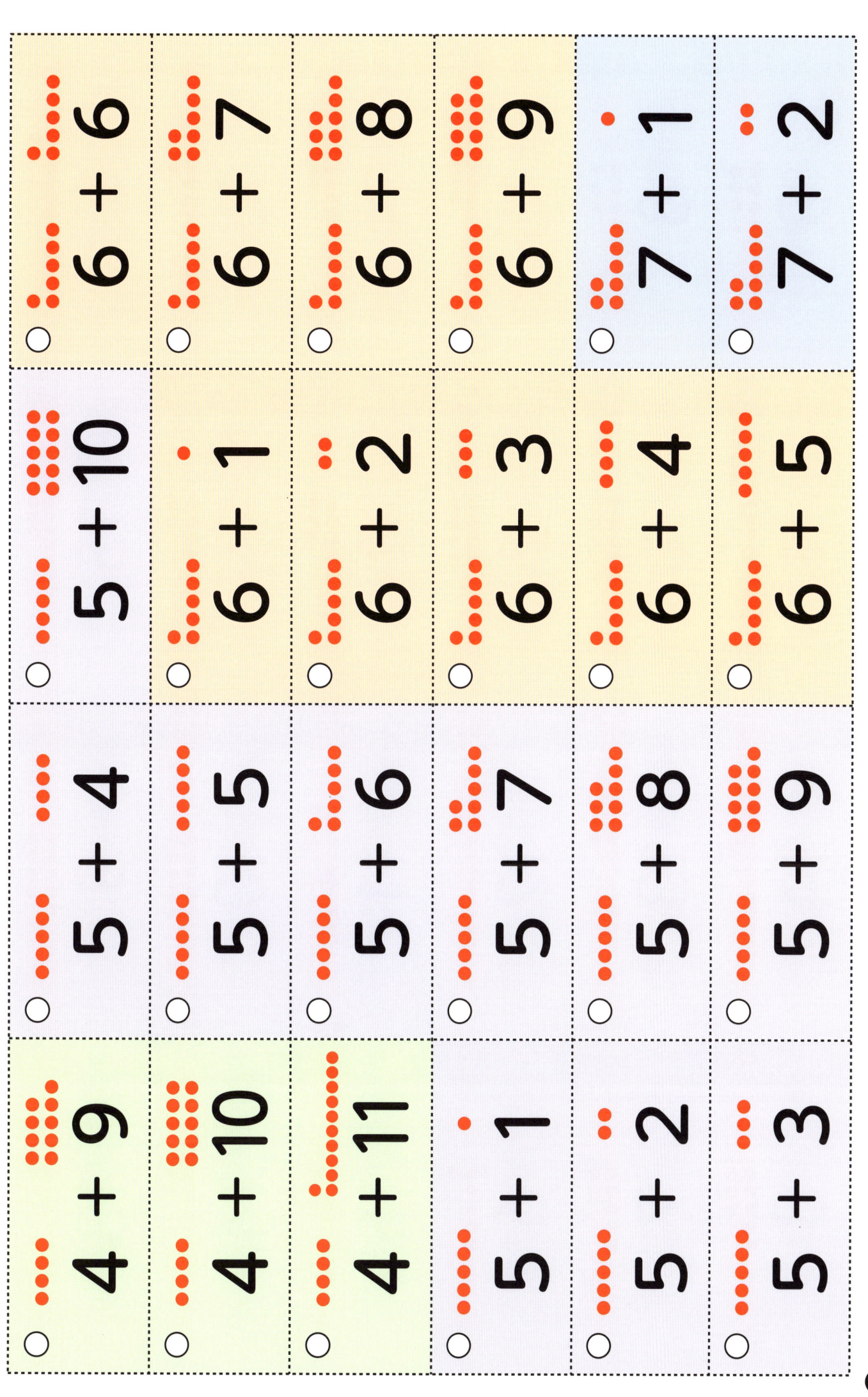

こたえ 12	こたえ 15	こたえ 9	こたえ 13
こたえ 13	こたえ 7	こたえ 10	こたえ 14
こたえ 14	こたえ 8	こたえ 11	こたえ 15
こたえ 15	こたえ 9	こたえ 12	こたえ 6
こたえ 8	こたえ 10	こたえ 13	こたえ 7
こたえ 9	こたえ 11	こたえ 14	こたえ 8

7 + 3	8 + 1	8 + 7	9 + 6
7 + 4	8 + 2	9 + 1	10 + 1
7 + 5	8 + 3	9 + 2	10 + 2
7 + 6	8 + 4	9 + 3	10 + 3
7 + 7	8 + 5	9 + 4	10 + 4
7 + 8	8 + 6	9 + 5	10 + 5

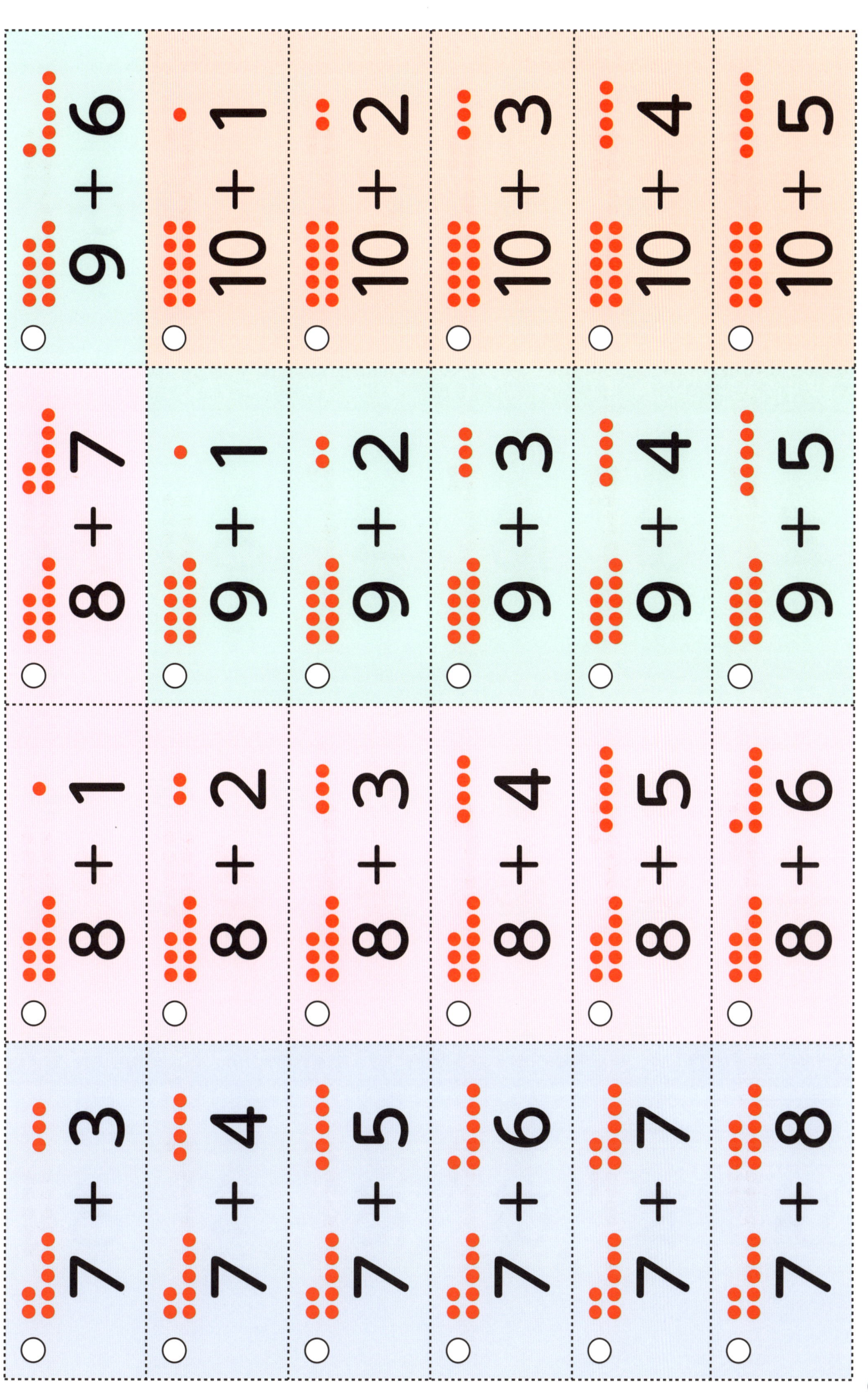

こたえ 15	こたえ 15	こたえ 9	こたえ 10
こたえ 11	こたえ 10	こたえ 10	こたえ 11
こたえ 12	こたえ 11	こたえ 11	こたえ 12
こたえ 13	こたえ 12	こたえ 12	こたえ 13
こたえ 14	こたえ 13	こたえ 13	こたえ 14
こたえ 15	こたえ 14	こたえ 14	こたえ 15

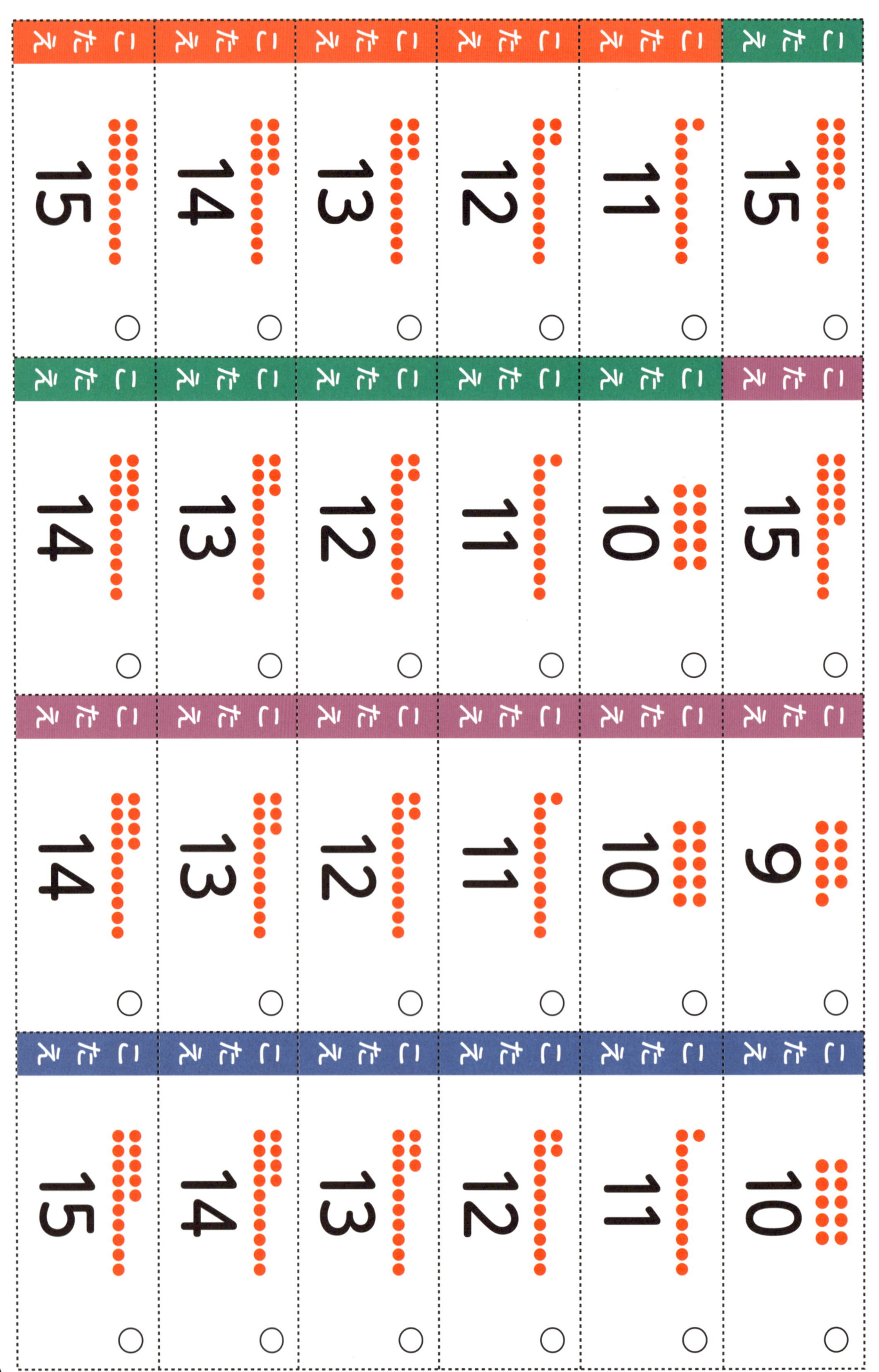

けいさんカード

ひきざん

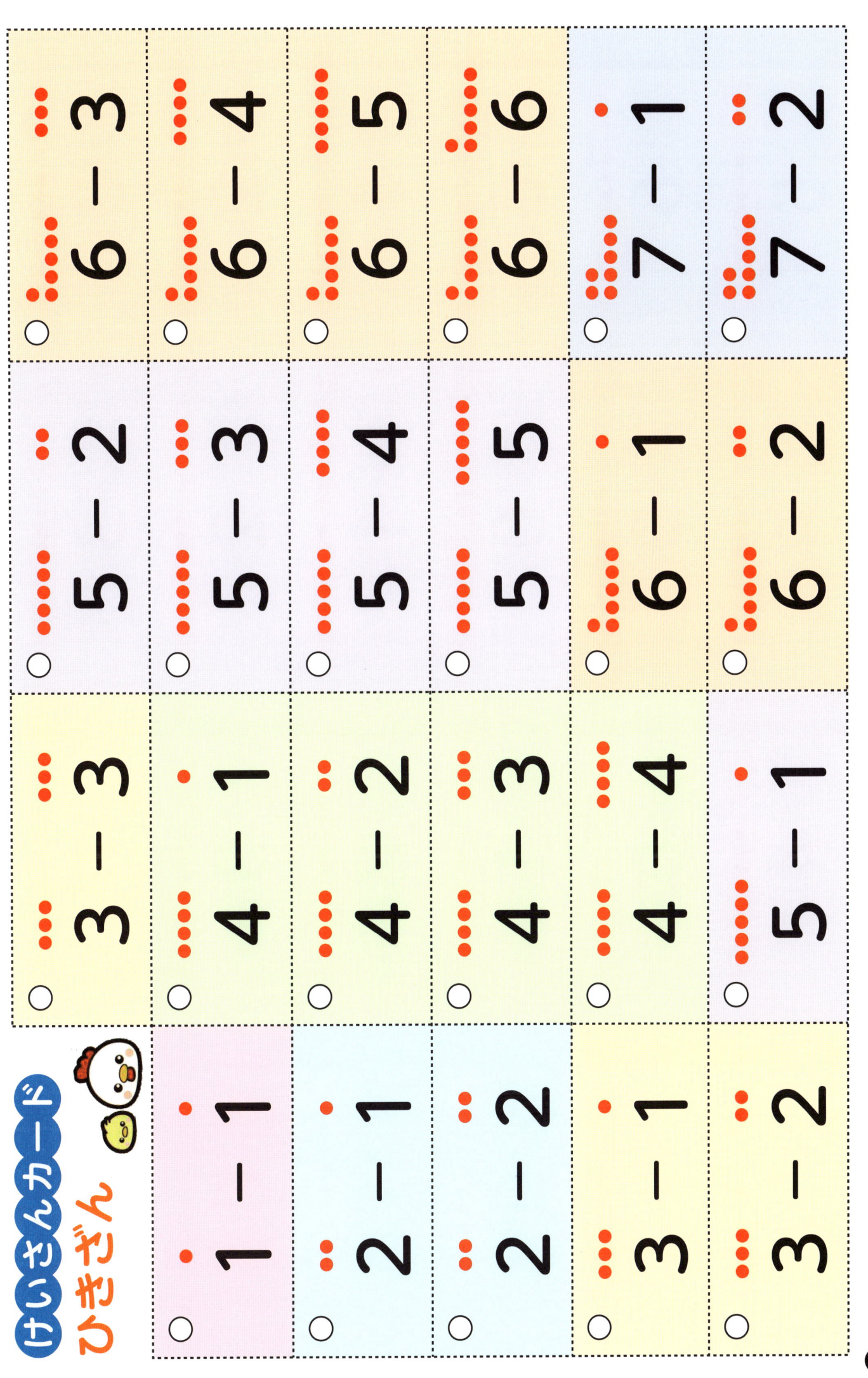

1 − 1

2 − 1

2 − 2

3 − 1

3 − 2

3 − 3

4 − 1

4 − 2

4 − 3

4 − 4

5 − 1

5 − 2

5 − 3

5 − 4

5 − 5

6 − 1

6 − 2

6 − 3

6 − 4

6 − 5

6 − 6

7 − 1

7 − 2

こたえ 3	こたえ 3	こたえ 0	
こたえ 2	こたえ 2	こたえ 3	こたえ 0
こたえ 1	こたえ 1	こたえ 2	こたえ 1
こたえ 0	こたえ 0	こたえ 1	こたえ 0
こたえ 6	こたえ 5	こたえ 0	こたえ 2
こたえ 5	こたえ 4	こたえ 4	こたえ 1

7 − 3	8 − 2	8 − 8	9 − 6
7 − 4	8 − 3	9 − 1	9 − 7
7 − 5	8 − 4	9 − 2	9 − 8
7 − 6	8 − 5	9 − 3	9 − 9
7 − 7	8 − 6	9 − 4	10 − 1
8 − 1	8 − 7	9 − 5	10 − 2

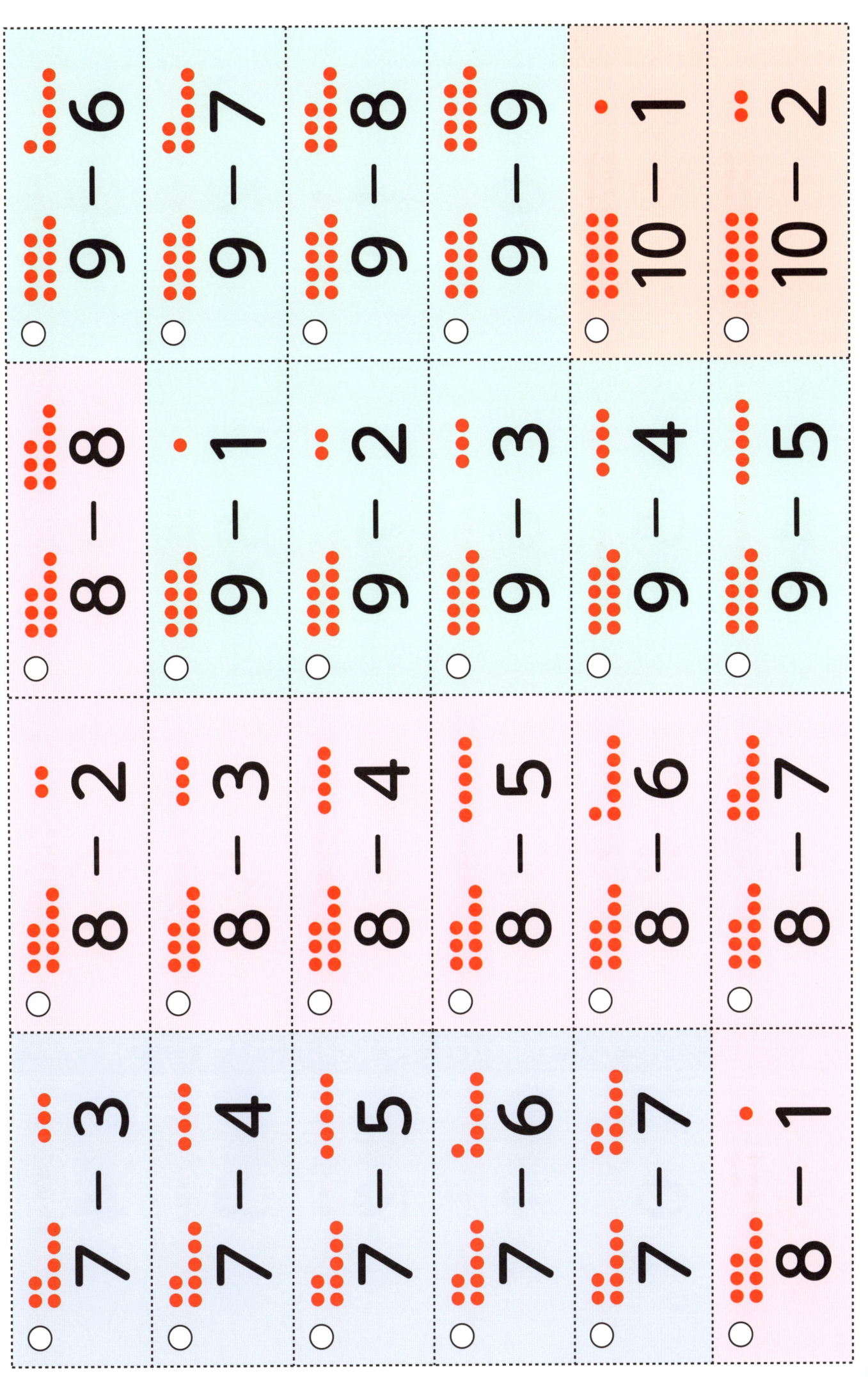

こたえ	3	こたえ	0	こたえ	6	こたえ	4
こたえ	2	こたえ	8	こたえ	5	こたえ	3
こたえ	1	こたえ	7	こたえ	4	こたえ	2
こたえ	0	こたえ	6	こたえ	3	こたえ	1
こたえ	9	こたえ	5	こたえ	2	こたえ	0
こたえ	8	こたえ	4	こたえ	1	こたえ	7

10 − 3

10 − 9

10 − 4

10 − 10

10 − 5

10 − 6

10 − 7

10 − 8

こたえ 1

こたえ 0

こたえ

こたえ

こたえ

こたえ

こたえ 7

こたえ 6

こたえ 5

こたえ 4

こたえ 3

こたえ 2

キリトリ

かぞえかたひょう　いろいろな かぞえかた

	1	2	3	4	5	6	7	8	9	10
こども	ひとり	ふたり	さんにん	よにん	ごにん	ろくにん	ななにん（しちにん）	はちにん	きゅうにん	じゅうにん
くだもの	いっこ	にこ	さんこ	よんこ	ごこ	ろっこ	ななこ	はちこ（はっこ）	きゅうこ	じっこ（じゅっこ）
き	いっぽん	にほん	さんぼん	よんほん	ごほん	ろっぽん	ななほん	はっぽん	きゅうほん	じっぽん（じゅっぽん）
かみ	いちまい	にまい	さんまい	よんまい	ごまい	ろくまい	ななまい	はちまい	きゅうまい	じゅうまい
ほん	いっさつ	にさつ	さんさつ	よんさつ	ごさつ	ろくさつ	ななさつ	はっさつ	きゅうさつ	じっさつ（じゅっさつ）
ちいさいどうぶつ	いっぴき	にひき	さんびき	よんひき	ごひき	ろっぴき	ななひき（しちひき）	はちひき（はっぴき）	きゅうひき	じっぴき（じゅっぴき）
とり	いちわ	にわ	さんわ	よんわ	ごわ	ろくわ	ななわ	はちわ	きゅうわ	じゅうわ
とけい	いっぷん	にふん	さんぷん	よんふん	ごふん	ろっぷん	ななふん	はっぷん	きゅうふん	じっぷん（じゅっぷん）
おおきいどうぶつ	いっとう	にとう	さんとう	よんとう	ごとう	ろくとう	ななとう	はっとう	きゅうとう	じっとう（じゅっとう）

1日10分
小学校入学前のさんすう練習帳

【解答《かいとう》・解説《かいせつ》】

実務教育出版

※取《と》りはずして、ご使用《しよう》ください

かぞえる

かずのかぞえかた

▶6ページ

解答は省略 **ポイント** おおきな こえで 2かい くりかえしたら はなマルを つけて あげて ください。

▶れいだい　7ページ

1 (じゅんに) さん　しち (なな)　ご　に　ろく　し　いち　きゅう　はち　じゅう

2 (じゅんに) に　ご　し　しち (なな)　ろく　さん　きゅう　いち　はち　じゅう

ポイント ゆっくりで かまいません。おおきな こえで 2かい くりかえしたら はなマルを つけて あげて ください。

▶れんしゅう①　8ページ

1 (じゅんに) しち (なな)　に　さん　ご　ろく　じゅう　いち　し　はち　きゅう

2 (じゅんに) さん　ろく　ご　に　はち　し　いち　きゅう　しち (なな)　じゅう

ポイント ゆっくりで かまいません。おおきな こえで 2かい くりかえしたら はなマルを つけて あげて ください。

▶れんしゅう②　9ページ

1 (じゅんに) きゅう　し　はち　に　じゅう　ご　ろく　さん　いち　しち (なな)

2 （じゅんに）さん　ろく　し　しち（なな）　ご　きゅう　はち　に　じゅう　いち

ポイント はじめは ゆっくりと ２かい。つぎに はやく ２かい くりかえしたら はなマルを つけて あげて ください。

もののかずのかぞえかた

▶10～13ページ

解答は省略 ポイント おおきな こえで ２かい くりかえしたら はなマルを つけて あげて ください。

▶れいだい　14、15ページ

1 （じゅんに）いっこ　にこ　さんこ　よんこ　ごこ　ろっこ　ななこ　はちこ（はっこ）　きゅうこ　じっこ（じゅっこ）

2 （じゅんに）いちまい　にまい　さんまい　よんまい　ごまい　ろくまい　ななまい　はちまい　きゅうまい　じゅうまい

3 （じゅんに）いっぴき　にひき　さんびき　よんひき　ごひき　ろっぴき　ななひき（しちひき）　はちひき（はっぴき）　きゅうひき　じっぴき（じゅっぴき）

4 （じゅんに）ひとり　ふたり　さんにん　よにん　ごにん　ろくにん　ななにん（しちにん）　はちにん　きゅうにん　じゅうにん

▶れんしゅう①　16、17ページ

1 （じゅんに）いちわ　にわ　さんわ　よんわ　ごわ　ろく

わ　ななわ　はちわ　きゅうわ　じゅうわ

2 （じゅんに）いっぽん　にほん　さんぼん　よんほん　ごほん　ろっぽん　ななほん　はっぽん　きゅうほん　じっぽん（じゅっぽん）

3 （じゅんに）ひとり　ふたり　さんにん　よにん　ごにん　ろくにん　ななにん（しちにん）　はちにん　きゅうにん　じゅうにん

4 （じゅんに）いっさつ　にさつ　さんさつ　よんさつ　ごさつ　ろくさつ　ななさつ　はっさつ　きゅうさつ　じっさつ（じゅっさつ）

▶れんしゅう②　18、19ページ

1 （じゅんに）いっぴき　にひき　さんびき　よんひき　ごひき　ろっぴき　ななひき（しちひき）　はちひき（はっぴき）　きゅうひき　じっぴき（じゅっぴき）

2 （じゅんに）いちまい　にまい　さんまい　よんまい　ごまい　ろくまい　ななまい　はちまい　きゅうまい　じゅうまい

3 （じゅんに）いっさつ　にさつ　さんさつ　よんさつ　ごさつ　ろくさつ　ななさつ　はっさつ　きゅうさつ　じっさつ（じゅっさつ）

4 （じゅんに）いちわ　にわ　さんわ　よんわ　ごわ　ろくわ　ななわ　はちわ　きゅうわ　じゅうわ

ポイント おおきな こえで ２かい くりかえしたら はなマルを つけて あげて ください。

じゅんばんをかぞえる

▶ 20、21 ページ

1 ①さんばんめ　②いつつめ

2 ①さんばんめ　②よっつめ

3 ①みっつ　②よっつ　③うさぎ　④ぶた

4 ①ふたつ　②よっつ　③かぶとむし　④ちょうちょ

▶れいだい　22 ページ

1 ①7ばんめ　②2つめ（ふたつめ）　③こあら　④くま

2 ①5ばんめ　②3つめ　③かぶとむし　④あり

▶れんしゅう①　23 ページ

1 ①～⑥　解答は 17 ページ。

▶れんしゅう②　24 ページ

2 ①～⑥　解答は 17 ページ。

▶れんしゅう③　25 ページ

3 ①～⑥　解答は 18 ページ。　⑦4つ　⑧2つ

▶れんしゅう④　26 ページ

4 ①～⑥　解答は 18 ページ。　⑦4つ　⑧4つ

かく

せんをおおきくかく

▶ 28、29 ページ

解答は省略 **ポイント** おおきく はみださないように。もし はみだして しまったら、けしごむで きれいに けして かきなおしましょう。

めと ほんの きょりが ちかすぎないように ちゅういして あげて ください。

▶れいだい① 30、31 ページ

解答は省略 **ポイント** まがった せんが おれないように ひきましょう。

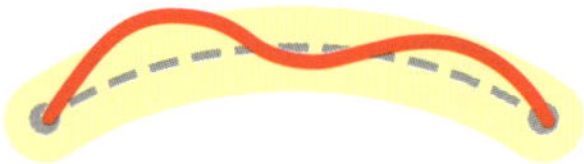

これから ひく ところを てで かくさないように アドバイ《あどばい》ス《す》して あげて ください。

▶れいだい② 32、33 ページ

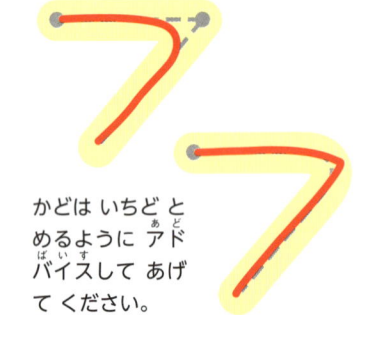

解答は省略 **ポイント** おれた ところを まるく したり、まるい ところを おれせんで かいたり しないように しましょう。

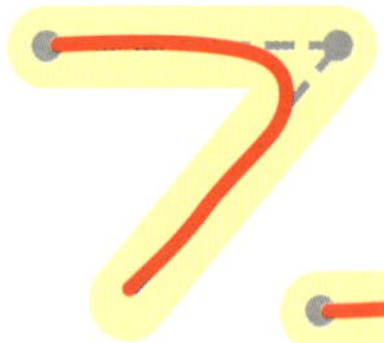

かどは いちど とめるように アド《あど》バイス《ばいす》して あげて ください。

▶れんしゅう① 34、35 ページ

解答は省略 **ポイント** ゆっくりと おなじ ふとさの せんを かきましょう。

▶れんしゅう② 36、37 ページ

解答は省略 **ポイント** ゆびの かんせつを おもいどおりに うごかす れんしゅうです。だれでも はじめは うまく かけません。ゆっくりと てんせんに そって かいて いきましょう。

▶れんしゅう③ 38、39 ページ

解答は省略 **ポイント** ながい せんを ひく ときは おわりの ほうまで

ていねいに ひきましょう。

せんをちいさくかく

▶ 40 ページ

解答は省略 ポイント だんだんと せんを ひく きいろの はばが せまく なります。きいろから はみださないように がんばりましょう。

▶れいだい① 41 ページ れいだい② 42 ページ

解答は省略

▶れんしゅう 43 ~ 45 ページ

1 解答は省略 ポイント たくさん せんを ひいて いる うちに ゆびに ちからが はいりすぎて いませんか。いちど えんぴつを てから はなして、ぐーぱーぐーぱーと ゆびを うごかして みましょう。

2 解答は省略 ポイント ながい せんも さいごまで きいろから はみださないように がんばりましょう。

すうじをおおきくかく

▶ 46 ~ 48 ページ

解答は省略 ポイント 5の かきじゅんに ちゅういしましょう。はいいろの せんから はみださないように かいて みましょう。

▶れいだい 49 ~ 51 ページ

解答は省略 ポイント しろい わくに かいた すうじは、それまでと おなじくらいの おおきさに かけて いますか。まんなかに かけて いますか。

▶れんしゅう　52、53ページ

解答は省略 2 の右の列（じゅんに）4、3、7、8、9、6、2、5

すうじをちいさくかく

▶ 54ページ

解答は省略 ポイント 2 や 3 のように はしに かいたり、ななめに かいたり しないように ちゅういして ください。ゆっくり じっくり ていねいに かいて いきましょう。

▶れいだい　55ページ

解答は省略 3 の右の列（じゅんに）3、4、8、1 ポイント たくさん かいて いく うちに ゆびが うごきやすく なって きます。まえの ページよりも きれいに かこうと いう きもちで がんばりましょう。

▶れんしゅう　56、57ページ

解答は省略 4（じゅんに）3、6、5、8、2、4、9、7、1

ポイント すうじの せんは こすぎたり うすすぎたり して いませんか。

なかまわけ

なかまにわけよう（2しゅるい）

▶ 60、61ページ

1 くるまは ぜんぶで（2）つ　どうぶつは ぜんぶで [3] つ

2 はなは ぜんぶで（3）つ　むしは ぜんぶで [4] つ

3 くだものは ぜんぶで（6）つ　くるまは ぜんぶで（5）つ

4 はなは ぜんぶで（4）つ　むしは ぜんぶで（7）つ

▶れいだい　62、63 ページ

1 はなは ぜんぶで（5）つ　くだものは ぜんぶで 7 つ

2 むしは ぜんぶで（4）つ　さかなは ぜんぶで 8 つ

3 くるまは ぜんぶで（5）つ　くだものは ぜんぶで（9）つ

4 さかなは ぜんぶで（7）つ　やさいは ぜんぶで（5）つ

▶れんしゅう　64、65 ページ

1 むしは ぜんぶで（6）つ　はなは ぜんぶで（5）つ

2 くだものは ぜんぶで（7）つ　どうぶつは ぜんぶで（6）つ

3 ○は ぜんぶで（7）つ　□は ぜんぶで（5）つ

4 まるは ぜんぶで（9）つ　さんかくは ぜんぶで（6）つ

なかまにわけよう（3しゅるい）

▶ 66、67 ページ

1 はなは ぜんぶで（2）つ　くるまは ぜんぶで 3 つ　むしは ぜんぶで〔2〕つ

2 えんぴつは ぜんぶで（3）つ　ほんは ぜんぶで 5 つ　けしごむは ぜんぶで〔4〕つ

3 くだものは ぜんぶで（7）つ　くるまは ぜんぶで（4）つ　どうぶつは ぜんぶで（5）つ

4 どうぶつは ぜんぶで（4）つ　むしは ぜんぶで（8）つ　はなは ぜんぶで（5）つ

▶れいだい　68、69ページ

1 はなは ぜんぶで（5）つ　さかなは ぜんぶで [3] つ　くだものは ぜんぶで〔6〕つ

2 むしは ぜんぶで（4）つ　やさいは ぜんぶで（2）つ　どうぶつは ぜんぶで（7）つ

3 さかなは ぜんぶで（3）つ　やさいは ぜんぶで（5）つ　むしは ぜんぶで（7）つ

4 どうぶつは ぜんぶで（9）つ　くだものは ぜんぶで（6）つ　はなは ぜんぶで（7）つ

▶れんしゅう　70、71ページ

1 はなは ぜんぶで（5）つ　どうぶつは ぜんぶで（6）つ　くだものは ぜんぶで（9）つ

2 ●は ぜんぶで（7）つ　■は ぜんぶで（3）つ　▲は ぜんぶで（5）つ

3 ●は ぜんぶで（7）つ　■は ぜんぶで（5）つ　▲は ぜんぶで（4）つ

4 まるは ぜんぶで（6）つ　しかくは ぜんぶで（9）つ　さんかくは ぜんぶで（8）つ

5や10になるかず

あといくつで5や10になる？

▶74、75ページ

1 ①2 ②4 ③1 ④3

2 ①4 ②7 ③3 ④5 ⑤2 ⑥6 ⑦4 ⑧8 ⑨1

3 ①3 ②4 ③1 ④2

4 ①7 ②3 ③5 ④2 ⑤4 ⑥8 ⑦1 ⑧6 ⑨9

▶れいだい　76、77ページ

1 ①1 ②4 ③2 ④3

2 ①3 ②5 ③6 ④2 ⑤7 ⑥9 ⑦8 ⑧4 ⑨1

3 ①2 ②1 ③4 ④3

4 ①4 ②5 ③7 ④2 ⑤3 ⑥1 ⑦6 ⑧8 ⑨9

▶れんしゅう　78、79ページ

1 ①1 ②3 ③2 ④4

2 ①1 ②4 ③8 ④2 ⑤6 ⑥5 ⑦3 ⑧7 ⑨9

3 ①3 ②1 ③2 ④4

4 ①9 ②6 ③4 ④3 ⑤2 ⑥8 ⑦1 ⑧5 ⑨7

5や10をいくつこえている

▶ 80、81ページ

1 ①2 ②4 ③1 ④3 ⑤5

2 ①2 ②6 ③4 ④9 ⑤3 ⑥8 ⑦5 ⑧7 ⑨1

3 ①3 ②1 ③2 ④4

4 ①3 ②9 ③2 ④6 ⑤1 ⑥5 ⑦4 ⑧8 ⑨7

▶れいだい　82、83ページ

1 ①2 ②0 ③4 ④3

2 ①2 ②6 ③4 ④5 ⑤1 ⑥9 ⑦3 ⑧8 ⑨7

3 ①3 ②1 ③2 ④4

4 ①4 ②1 ③7 ④9 ⑤2 ⑥3 ⑦5 ⑧6 ⑨8

▶れんしゅう　84、85ページ

1 ①1 ②4 ③2 ④3

2 ①3 ②9 ③2 ④6 ⑤4 ⑥5 ⑦1 ⑧7 ⑨8

3 ①7 ②9 ③6 ④8 ⑤10

4 ①2 ②4 ③3 ④1

あわせていくつ

かぞえてたしざん

▶ 88、89ページ

1 ①7 ②4 ③4 ④5 ⑤7 ⑥9

2 ①11 ②11 ③13 ④13 ⑤15

3 ①4 ②7 ③6 ④9 ⑤8 ⑥8

4 ①13 ②12 ③15 ④15 ⑤12 ⑥14

▶れいだい　90、91ページ

1 ①3 ②7 ③8 ④8 ⑤9 ⑥8 ⑦9

2 ①10 ②12 ③14 ④12 ⑤15 ⑥14 ⑦13

3 ①3 ②8 ③10 ④7

4 ①11 ②13 ③11 ④15 ⑤13

▶れんしゅう　92、93ページ

1 ①6　②8　③8　④7　⑤10

2 ①12　②12　③14　④11　⑤13　⑥14　⑦15

3 ①6　②7　③8　④9　⑤9

4 ①12　②15　③12　④14　⑤15　⑥13　⑦13

すうじでたしざん

▶94～97ページ

1 ①3　②2　③4　④5　⑤4　⑥5　⑦6　⑧8
⑨7　⑩9　⑪6　⑫7　⑬10　⑭8　⑮8　⑯9
⑰10　⑱6　⑲7　⑳9　㉑8　㉒10　㉓7　㉔8

2 ①2　②3　③1　④5　⑤6　⑥8　⑦7　⑧9

3 ①（じゅんに）2、2、3、10、3、13　②（じゅんに）3、3、5、10、5、15　③（じゅんに）7、7、2、10、2、12　④（じゅんに）2、2、5、10、5、15

▶れいだい①　98、99ページ

1 ①5　②7　③7　④9　⑤7　⑥9　⑦7　⑧9
⑨10　⑩10　⑪8　⑫10　⑬9　⑭8

2 ①3　②6　③9　④7　⑤8　⑥4　⑦2　⑧1　⑨5

▶れいだい②　100、101ページ

3 ①（じゅんに）7、7、2、10、2、12　②（じゅんに）4、4、3、10、3、13　③（じゅんに）3、3、5、10、5、15　④（じゅんに）2、2、4、10、4、14　⑤11　⑥11　⑦11　⑧11　⑨12　⑩12

⑪13　⑫13　⑬15　⑭14　⑮13　⑯12

▶れんしゅう　102、103ページ

1 ①8　②3　③7　④7　⑤8　⑥8　⑦8　⑧9

2 ①2　②1　③5　④8　⑤4　⑥3　⑦9　⑧7　⑨6

3 ①（じゅんに）4、4、3、10、3、13　②（じゅんに）6、6、3、10、3、13　③11　④12　⑤13　⑥12　⑦15　⑧12　⑨13　⑩10　⑪14　⑫14　⑬13　⑭11　⑮13　⑯11

ひいていくつ

かぞえてひきざん

▶106～109ページ

1 ①2　②2　③1　④4　⑤2　⑥5　⑦3　⑧8

2 ①（すべて）2　②（すべて）2　③（すべて）2　④（すべて）4　⑤（すべて）3　⑥（すべて）4　⑦（すべて）5

3 ①2　②3　③4　④7

▶れいだい　110～113ページ

1 ①4　②2　③2　④3　⑤6　⑥6　⑦1　⑧3

2 ①（すべて）3　②（すべて）5　③（すべて）3　④（すべて）3　⑤（すべて）6　⑥（すべて）5

3 ①3　②2　③3　④2

▶れんしゅう　114～117ページ

1　①4　②4　③3　④5　⑤6　⑥3　⑦7　⑧3

2　①（すべて）6　②（すべて）4　③（すべて）3　④（すべて）4　⑤（すべて）3

3　①1　②2　③4　④2　⑤2　⑥5　⑦7

すうじでひきざん

▶ 118～120ページ

1　①1　②2　③2　④1　⑤0　⑥3　⑦2　⑧1
⑨0　⑩4　⑪3　⑫2　⑬1　⑭0　⑮5　⑯4
⑰3　⑱2　⑲1　⑳0　㉑6　㉒5　㉓4　㉔3
㉕2　㉖1　㉗0

2　①7　②6　③5　④4　⑤3　⑥2　⑦1　⑧0
⑨8　⑩7　⑪6　⑫5　⑬4　⑭3　⑮2　⑯1　⑰0

3　①1　②2　③3　④4　⑤2　⑥3　⑦5　⑧7
⑨6　⑩1　⑪3　⑫2

4　①3　②3　③1　④1　⑤3　⑥3　⑦2　⑧2
⑨4　⑩4　⑪6　⑫6　⑬6　⑭6　⑮5　⑯5
⑰4　⑱4　⑲3　⑳3　㉑（じゅんに）7、1、6、1、6、7　㉒（じゅんに）5、2、3、2、3、5
㉓（じゅんに）7、3、4、3、4、7

▶れいだい　121、122ページ

1　①3　$5-2=3$　②5　$8-3=5$
③2　$6-4=2$　④5　$10-5=5$

2 ①1　②2　③3　④4　⑤1　⑥4　⑦6　⑧6
⑨7　⑩1　⑪4　⑫2

3 ①3　②3　③3　④5　⑤4　⑥2　⑦2　⑧7

4 ①3　②5　③5　④3　⑤2　⑥2　⑦2　⑧2
⑨2　⑩2

▶れんしゅう　123、124ページ

1 ①3　10－7＝3　②3　8－5＝3
③5　9－4＝5　④3　7－4＝3

2 ①1　②2　③3　④4　⑤1　⑥5　⑦5　⑧5
⑨7　⑩2　⑪4　⑫4

3 ①3　②3　③5　④4　⑤1　⑥3　⑦2　⑧3

4 ①5　②7　③5　④6　⑤1　⑥7　⑦3　⑧3
⑨2　⑩6　⑪3　⑫3

▶さんこう 9に なる かず

▶125ページ

1 ①2　②8　③3　④1　⑤6　⑥5　⑦7　⑧4

2 ①5　②6　③7　④2　⑤0　⑥8　⑦4　⑧1　⑨3

▶れいだい　126ページ

1 ①7　②3　③1　④8　⑤4　⑥2　⑦5　⑧6

2 ①6　②4　③5　④1　⑤3　⑥7　⑦8　⑧2

▶れんしゅう　127ページ

1 ①7　②3　③5　④2　⑤1　⑥8　⑦4　⑧6

2 ①6　②8　③1　④2　⑤7　⑥5　⑦3　⑧4

P23

じゅんばんを かぞえる

れんしゅう①

おうちの かたへ
「〜ばんめ」と「いくつめ」に なれる れんしゅうです。「1ばんめ、2ばんめ…」とこえに だして かぞえましょう。

1 えを みて こたえましょう。

① まえから 3ばんめの めだかの ○を ぬりましょう。

まえ

うしろ

② うしろから 4つめの かめの ○を ぬりましょう。

まえ

うしろ

③ まえから 5ばんめの くるまの ○を ぬりましょう。

まえ

うしろ

④ ひだりから 3つめの いかの ○を ぬりましょう。

ひだり

みぎ

⑤ みぎから 2ばんめの りんごの ○を ぬりましょう。

ひだり

みぎ

⑥ みぎから 4つめの どーなつの ○を ぬりましょう。

ひだり

みぎ

23

P24

じゅんばんを かぞえる

れんしゅう②

おうちの かたへ
「なんばんめ」と きかれた ときは「1ばんめ、2ばんめ…」、「いくつめ」と きかれた ときは「1つめ、2つめ…」と こたえるように して ください。

2 えを みて こたえましょう。

① したから 3ばんめの ひこうきの ○を ぬりましょう。

うえ

した

② したから 1つめの いぬの ○を ぬりましょう。

うえ

した

③ したから 4ばんめの ほんの ○を ぬりましょう。

うえ
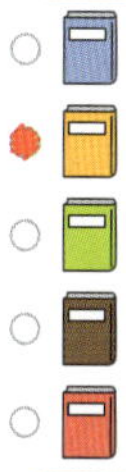
した

④ したから 2つめの へりこぷたーの ○を ぬりましょう。

うえ
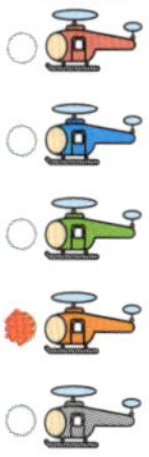
した

⑤ したから 4ばんめの ねこの ○を ぬりましょう。

うえ

した

⑥ したから 5つめの りすの ○を ぬりましょう。

うえ

した

24

P25

じゅんばんを かぞえる

れんしゅう③

おうちの かたへ
かかれて いる もんだいだけではなく
おかあさんが じゆうに もんだいを
だして あげて ください。

3 したの えを みて こたえの□を ぬりましょう。
⑦⑧は こたえを かきましょう。

① みぎから 3つめに いるのは だれ？

□さる　□くま　□ぶた　□うさぎ　■こあら　□ちょうちょ　□りす

② ひだりから 4つめに いるのは だれ？

□さる　□くま　□ぶた　■うさぎ　□こあら　□ちょうちょ　□りす

③ うさぎの 1つ うしろに いるのは だれ？

□さる　□くま　□ぶた　□うさぎ　■こあら　□ちょうちょ　□りす

④ ぶたの 1つ まえに いるのは だれ？

□さる　■くま　□ぶた　□うさぎ　□こあら　□ちょうちょ　□りす

⑤ くまの 2つ うしろに いるのは だれ？

□さる　□くま　□ぶた　■うさぎ　□こあら　□ちょうちょ　□りす

⑥ りすの 3つ まえに いるのは だれ？

□さる　□くま　□ぶた　■うさぎ　□こあら　□ちょうちょ　□りす

⑦ ちょうちょは、くまの いくつ うしろ？　4つ

⑧ ぶたは、こあらの いくつ まえ？　2つ

25

P26

じゅんばんを かぞえる

れんしゅう④

おうちの かたへ
「いくつめ」「いくつうえ」になれるように
「1つめ、2つめ…」「1つうえ、2つうえ…」と
かぞえながら やってみましょう。

4 したの えを みて こたえの□を ぬりましょう。
⑦⑧は こたえを かきましょう。

① うえから 4つめは だれ？

□すずめ　□りす　□かぶとむし　■てんとうむし　□はち　□ちょうちょ　□あり

② したから 5つめは だれ？

□すずめ　□りす　■かぶとむし　□てんとうむし　□はち　□ちょうちょ　□あり

③ かぶとむしの 1つ うえは だれ？

□すずめ　■りす　□かぶとむし　□てんとうむし　□はち　□ちょうちょ　□あり

④ はちの 1つ したは だれ？

□すずめ　□りす　□かぶとむし　□てんとうむし　□はち　■ちょうちょ　□あり

⑤ ありの 2つ うえは だれ？

□すずめ　□りす　□かぶとむし　□てんとうむし　■はち　□ちょうちょ　□あり

⑥ りすの 3つ したは だれ？

□すずめ　□りす　□かぶとむし　□てんとうむし　■はち　□ちょうちょ　□あり

⑦ りすは ちょうちょの いくつ うえ？　4つ

⑧ はちは すずめの いくつ した？　4つ

26

1日10分、毎日続けることが大切！

1日10分　小学1年生のさんすう練習帳

【たし算・ひき算・とけい】

西村則康【著】

[ISBN978-4-7889-1163-5]

まず、おうちの方が笑顔で学習に誘ってください。そして、「今日の勉強はよくわかったね。エライ、明日は自分でやれそうだね」と、お子さんに任せる時間も作ってください。小学校に入学してやる気が高まっているこの時期に、学習習慣を身につけさせることがとても大切です。

低学年から図形好きな子に育てる！

つまずきをなくす　小1・2・3　算数　平面図形

【身近な図形・三角形・四角形・円】

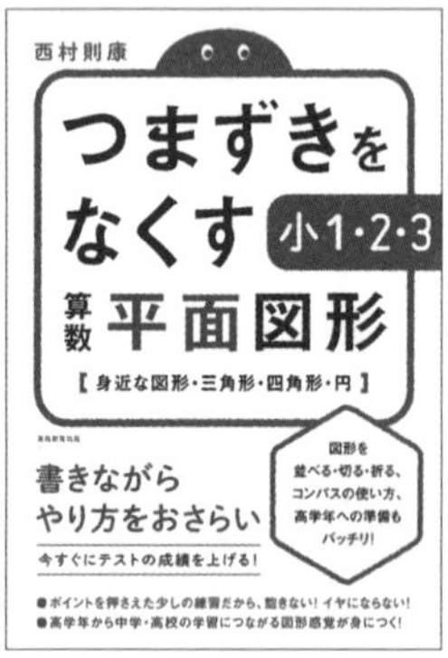

西村則康【著】

ISBN978-4-7889-1132-1

本書の目的は、次の2つです。①今すぐに、小学校のテストの成績を上げること②小学校高学年、中学生、高校生の図形学習につながる図形の感覚を十分に身につけること。お子さんが自学自習できるように編集していますが、おうちの方にアドバイスをしてほしいポイントも載せています。

いつの間にか得意になっている！

つまずきをなくす　小1　算数　文章題

【個数や順番・たす・ひく・長さ・じこく】

西村則康【著】

ISBN978-4-7889-1327-1

文章題で大切なことは、次の3つです。①ものと数をつなぐ「感覚」を育てること②情景を思い描きながら、問題文を読めるようにすること③文章の中から、解答にたどりつくために必要な言葉や数字を見つけだす力をつけること。そのために、イラスト、音読ページ、長い文章題など豊富に載せています。

実務教育出版の本